図解と事例でよくわかる

都市型農家の生産緑地対応と相続対策

税理士・行政書士
奥田周年（OAG税理士法人）／著

ビジネス教育出版社
BUSINESS KYOIKU SHUPPANSHA

はじめに

　三大都市圏（首都圏、近畿圏、中部圏）に所在する都市農地の多くは「生産緑地」の指定を受け、農業を継続することを条件に、固定資産税・相続税等の税務上のメリットを受けています。

　市街化区域内の農地は従来、農地として保全すべき「生産緑地」と、宅地への積極的な転用を進めていくための「宅地化農地」に分けられていましたが、現在は「保全すべきもの」に一本化（政策転換）されています。その背景には、①営農者の高齢化、②収益性の悪化、③後継者不足という課題を解決し、都市農業の健全な発展と都市農地の有効活用を実現すべき、という判断があります。

　生産緑地には30年間の営農義務がありますが、現存する生産緑地の多くは1992年（平成4年）の改正生産緑地法施行時に指定されたため、2022年（令和4年）が指定から30年を経過する年にあたり、営農義務が外れます。全国の生産緑地のうち、約8割が2022年に期限を迎えるとされており、大量の生産緑地が解除されて大量の宅地が放出され、土地の価格が下落することなどが懸念されています。いわゆる「生産緑地の2022年問題」と呼ばれるものです。

　このような課題を解決するために、2017年（平成29年）の生産緑地法改正により、いくつかの大きな改正が行われました。「特定生産緑地」制度の創設、生産緑地の面積要件の引下げ、建築規制の緩和です。「特定生産緑地」の指定を受けると、営農継続を条件に、農産物直売所やレストラン経営、市民農園としての貸付けもできるようになりました。

　生産緑地を抱える自治体の多くでは、既に「特定生産緑地」の申請や買取りの申出の受付が始まっていますが、農地をめぐる経営判断には「2022年」だけでなく、三世代先を見据えた対応が必要です。特に、農地に係る相続税の納税猶予制度との関連で留意すべき点が多々あります。

　本書は、生産緑地を有する農家の皆様をはじめ、JAや金融機関、自治体の担当部署など農家の相談に応じる立場の方々を主な読者対象とし、図解と事例を中心に様々な選択肢を示し、都市農地の有効活用策と有利な税務対応をできるだけわかりやすく解説しました。本書が関係各位のお役に立てば幸いです。

なお、城南信用金庫名誉顧問の吉原毅氏には、金融機関の立場から有益なコラムをご執筆いただきました。また、執筆協力者の方々には、執筆にあたり様々なアイデアを提供いただきました。厚く御礼申し上げます。

　2021年4月

奥田　周年

■ ■ ■ ■ 目 次 ■ ■ ■

第1章　改正された新生産緑地法の概要

第2章　農地の相続に伴い発生する税金

第3章　農地の相続税評価額の計算方法

第4章　農地等の相続税の納税猶予制度

第5章　農家が適用可能な小規模宅地等の減額特例

第6章　個人版事業承継税制と各種特例を併用した場合の計算例

第 7 章　農地の相続手続の注意点

第1章

改正された新生産緑地法の概要

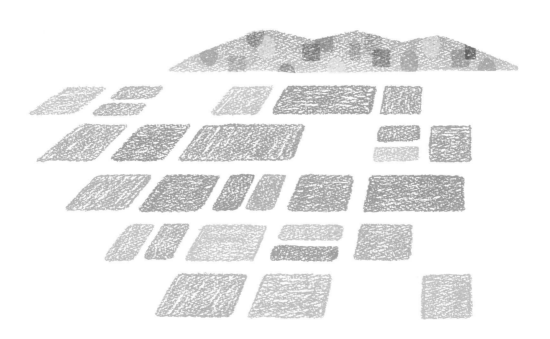

1.1 生産緑地とは

　昭和47年の地方税法の改正により、市街化区域内の農地について宅地並みの固定資産税が課税されることになりましたが、農業経営の継続と宅地化促進の調整などの理由により多くの市区町村では減免の措置が行われていました。

　このため、昭和48年に生産緑地法が施行され、市町村長は、農地の所有者との合意により、市街化区域内の農地について「生産緑地」の指定ができることとし、固定資産税を農地としての課税としました。

　旧生産緑地制度（昭和48年施行）では、生産緑地の解除の申請（買取りの申出）ができるまでの期間に応じ、第一種生産緑地、第二種生産緑地の2種類の生産緑地の区分があります。

種類	買取りの申出が可能となる期間	面積要件
第一種生産緑地	指定から10年	おおむね10,000㎡以上
第二種生産緑地	指定から5年	おおむね2,000㎡以上

　その後、平成3年に生産緑地法の改正（施行は平成4年）があり、買取りの申出が可能になるまでの期間が30年となりました。

	買取りの申出が可能となる期間	面積要件
新生産緑地	指定から30年	500㎡以上

　平成4年に指定を受けた生産緑地が、令和4年に30年が経過するため、平成29年に生産緑地法の改正があり、新たに特定生産緑地の制度が創設され平成30年に施行されました。

	買取りの申出が可能となる期間	面積要件
特定生産緑地	指定から10年	500㎡（条例で300㎡）以上

　生産緑地の指定は、次の条件に該当する市街化区域にある農地をいいます。

○	良好な生活環境の確保に有効なこと
○	公共施設などの敷地に適していること
○	面積が500㎡以上であること
○	農業の継続が可能であること

　生産緑地の指定を受けると、次の転用は市町村長の許可が必要となり、農業用施設以外の建築は、制限を受けます。

○	建築物や工作物の新築、改築、増築
○	宅地の造成、土地の形質の変更

　一方で、生産緑地の指定を受けると、次の税制の特例措置を受けることができます。

○	固定資産税の課税　農地評価→農地課税
○	相続税の納税　相続税の納税猶予→終身営農で免除

1.2 都市計画法における生産緑地の位置づけと生産緑地地区の現状

⑴ 都市計画法における生産緑地の位置づけ

　市街化区域内の農地について、市町村長が生産緑地地区を指定しますが、以下では、都市計画法における生産緑地の位置づけを解説していきます。

　都市計画法では、一体の都市として整備、開発、保全するため都市計画を定める必要のある区域を都市計画区域といい、都市計画区域外であっても開発を規制する必要のある地域を準都市計画区域といいます。

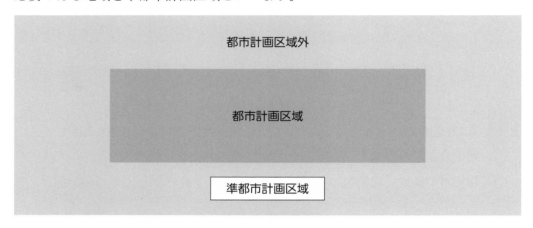

　都市計画区域は、さらに、「市街化区域」と「市街化調整区域」に区分されますが、これを「線引き」といいます。

　市街化区域とは、既に市街地を形成している区域及びおおむね10年以内に優先的かつ計画的に市街化を図るべき区域をいい、市街化調整区域とは、市街化を抑制すべき区域をいいます。

　市街化区域では、建物の建築を促進すべき地域として用途地域を定め、その用途地域ごとに建築できる建物を指定しています。

　一方で、市街化調整区域では、農業・林業などや自然環境を守るため原則として建物の建築が禁止され、建築できる建物に制限があります。

都市計画区域

非線引き区域

市街化区域

市街化調整区域

　市街化区域内の土地は、いずれかの用途地域に指定され、その地域に指定された用途以外の建物の建築はできません。

市街化区域		
用途地域	第一種低層住居専用地域	低層住宅の良好な住環境を保護する地域
	第二種低層住居専用地域	主として低層住宅の良好な住環境を保護する地域
	第一種中高層住居専用地域	中高層住宅の良好な住環境を保護する地域
	第二種中高層住居専用地域	主として中高層住宅の良好な住環境を保護する地域
	第一種住居地域	住環境を保護する地域
	第二種住居地域	主として住環境を保護する地域
	準住居地域	沿道にふさわしい業務の利便とこれと調和する住環境を保護する地域
	田園住居地域※	農業の利便増進とこれに調和する住環境を保護する地域
	近隣商業地域	近隣の住民に対する日用品を供給する商業等の利便を増進するための地域
	商業地域	主として商業等の利便を増進するための地域
	準工業地域	主として環境の悪化をもたらすおそれのない工業の利便を増進するための地域
	工業地域	主として工業の利便を増進するための地域
	工業専用地域	工業の利便を増進するための地域

※なお、田園住居地域内の農地では、次の税制の特例措置を受けることができます。

○　固定資産税の課税　農地評価を1/2に軽減（300㎡を超える部分）

○　相続税の納税　相続税の納税猶予→終身営農で免除

　生産緑地地区は、上記の市街化区域内の農地のうち、三大都市圏内に所在する特定の都市の市町村長により指定されます（77ページ参照）。

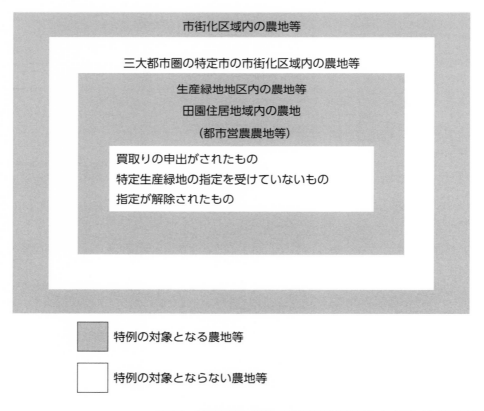

| 参考 |　農地等の相続税の納税猶予を適用できる市街化区域内の農地

　市街化区域内の農地等のうち、三大都市圏の特定市内に所在する場合は、生産緑地地区内にある農地等と田園住居地域内の農地（都市営農農地等といいます）に限定されます。

市街化区域内の農地等

三大都市圏の特定市の市街化区域内の農地等

生産緑地地区内の農地等
田園住居地域内の農地
（都市営農農地等）

買取りの申出がされたもの
特定生産緑地の指定を受けていないもの
指定が解除されたもの

■ 特例の対象となる農地等

□ 特例の対象とならない農地等

（出典）小原清志編『農地の納税猶予の特例のすべて』（大蔵財務協会）

⑵ 生産緑地地区の現状

　平成4年に新生産緑地法が施行されましたが、生産緑地以外の市街化区域農地については、宅地への転用により平成4年当時の3分の1に減少していますが、生産緑地については微減にとどまっている状況です。

　生産緑地の微減の理由は、生産緑地所有者に相続が発生し、相続税の納税資金確保などのために解除することが主な原因と想定されます。

三大都市圏の特定市における生産緑地地区等の面積の推移

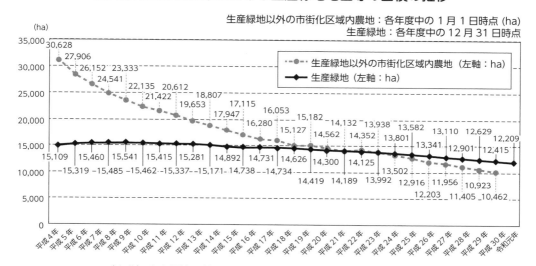

生産緑地以外の市街化区域内農地：各年度中の1月1日時点 (ha)
生産緑地：各年度中の12月31日時点

（出典）生産緑地以外の生産緑地内農化農地：総務省「固定資産の価格等の概要調書」
生産緑地：国土交通省調べ

　また、全国における生産緑地地区の決定面積及び東京都23区内の生産緑地の面積は、下記のとおりです。

生産緑地地区の都市計画決定状況

（令和元年12月31日現在）

三大都市圏の特定市			
	都府県名	地区数	生産緑地地区決定面積（ha）
	茨城県	341	71.69
	埼玉県	6,836	1,640.73
	千葉県	3,872	1,059.77

❖ 1.2　都市計画法における生産緑地の位置づけと生産緑地地区の現状

		11,051	3,030.03
	東京都	11,051	3,030.03
	神奈川県	8,236	1,276.31
首都圏計		30,336	7,078.53
	静岡県	2,087	233.95
	愛知県	7,687	1,017.94
	三重県	943	165.44
中部圏計		10,717	1,417.33
	京都府	2,846	744.70
	大阪府	9,199	1,899.05
	兵庫県	2,667	501.46
	奈良県	3,020	568.18
近畿圏計		17,732	3,713.39
合計		58,785	12,209.25

三大都市圏の特定市以外

都府県名		地区数	生産緑地地区決定面積（ha）
	茨城県	19	14.87
	長野県	9	3.24
	石川県	1	0.10
	愛知県	7	1.85
	京都府	32	6.56
	大阪府	16	2.10
	和歌山県	287	82.00
	福岡県	8	2.27
	宮崎県	1	2.11
合計		380	115.10
全国計		59,165	12,324.35

生産緑地地区決定状況（東京都23区）

	地区数	面積（ha）	HPでの記載
板橋区	63	9.140	令和2年12月現在
北区	3	0.300	平成31年3月31日時点
足立区	193	29.480	令和2年12月28日告示
葛飾区	193	26.220	平成31年3月31日時点
江戸川区	265	35.550	令和元年末現在
練馬区	642	175.540	令和2年11月19日告示
中野区	8	1.370	令和2年8月現在
杉並区	152	39.870	平成19年4月1日現在
世田谷区	492	83.870	令和2年11月現在
目黒区	13	1.973	平成30年11月8日更新
大田区	14	2.010	令和元年12月2日更新

1.3 生産緑地の解除の要件と手続

　生産緑地の所有者は、次のいずれかの条件に該当した場合、市町村長に「買取りの申出」をすることにより生産緑地の指定を解除することができます。

　したがって、たとえば、建物を建てたいなどの理由では、「買取りの申出」をすることはできません。

(1) 生産緑地の解除の要件
①指定後30年を経過したとき

　生産緑地法（平成4年施行）により、平成4年に指定を受けた生産緑地は、令和4年に30年を経過し申出基準日を迎えますので、生産緑地の「買取りの申出」をすることができます。

②農業の主たる従事者が死亡したとき

　農業の主たる従事者とは、実際に農地の肥培管理をして中心になって農業に従事していた人のほか、同程度従事している者をいい、複数人が該当する場合もあります。

主たる従事者の年齢	従事日数
65歳未満の場合	主たる従事者の従事日数の8割以上
65歳以上の場合	主たる従事者の従事日数の7割以上

　主たる従事者に該当するか否かは、農業委員会が管理する農家世帯の状況、就業状況、営農状況等が記載されている農地基本台帳で判断されます。

　通常の場合は、生産緑地の所有者が主たる従事者に該当するため、生産緑地の所有者に相続が開始した場合は、「買取りの申出」をすることができます。

　ただし、耕作権が設定されている場合は、生産緑地の所有者と主たる従事者が異なるため、生産緑地の所有者に相続が開始しても「買取りの申出」をすることができません。

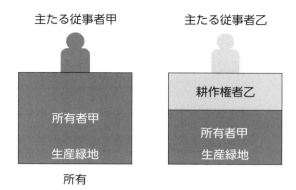

主たる従事者甲　　主たる従事者乙

所有者甲
生産緑地

耕作権者乙

所有者甲
生産緑地

所有

③農業の主たる従事者が農業に従事することが不可能な故障をしたとき

　農業に従事することが不可能な故障とは、次のようなケースをいいます。

> ○　両目を失明した場合
>
> ○　精神・神経系統機能・胸腹部臓器機能に著しい障害がある場合
>
> ○　上肢・下肢・両手や両足の指の全部の喪失又はその著しい障害がある場合
>
> ○　１年以上の期間を要する入院で市町村長の認定を受けている場合
>
> ○　養護老人ホームや特別養護老人ホームへ入所した場合
>
> ○　著しい高齢となり運動能力が著しく低下した場合

⑵　生産緑地の解除の手続

　生産緑地の指定を解除するためには、市町村長に対し「買取りの申出」という手続が必要になり、都市計画課に下記の書類を提出します。

・生産緑地買取申出書

・生産緑地に係る農業の主たる従事者証明書

・位置図、公図、土地登記事項証明書

・申出者の印鑑証明書

※主たる従事者の故障を理由とする場合は、「生産緑地法第10条に係る故障認定通知」が必要になります。

【買取りの申出の流れ】

生産緑地買取り申出の流れ

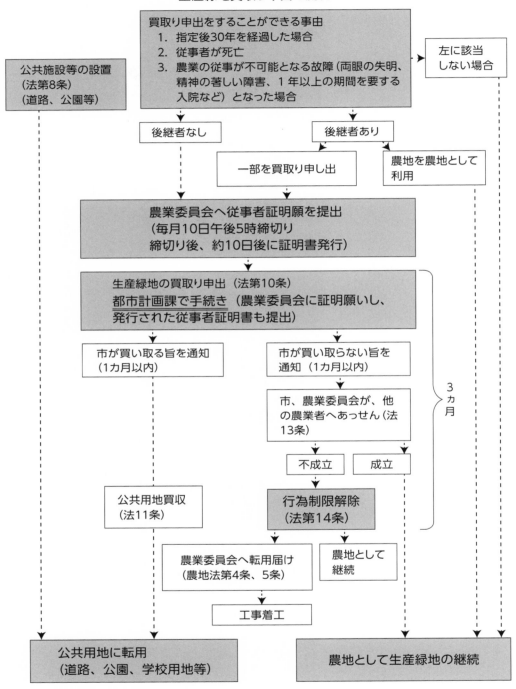

買取り申出をすることができる事由
1. 指定後30年を経過した場合
2. 従事者が死亡
3. 農業の従事が不可能となる故障（両眼の失明、精神の著しい障害、1年以上の期間を要する入院など）となった場合

左に該当しない場合

公共施設等の設置
（法第8条）
（道路、公園等）

後継者なし

後継者あり

一部を買取り申し出

農地を農地として利用

農業委員会へ従事者証明願を提出
（毎月10日午後5時締切り
締切り後、約10日後に証明書発行）

生産緑地の買取り申出（法第10条）
都市計画課で手続き（農業委員会に証明願いし、発行された従事者証明書も提出）

市が買い取る旨を通知
（1カ月以内）

市が買い取らない旨を通知（1カ月以内）

市、農業委員会が、他の農業者へあっせん（法13条）

3カ月

不成立

成立

公共用地買収
（法11条）

行為制限解除
（法第14条）

農業委員会へ転用届け
（農地法第4条、5条）

農地として継続

工事着工

公共用地に転用
（道路、公園、学校用地等）

農地として生産緑地の継続

（小平市ホームページより）

【生産緑地買取申出書】

生産緑地買取申出書

令和　年　月　日

○○市長殿

申出者　住所

電話

氏名　　　　　　㊞

生産緑地法第１０条の規定に基づき、下記により買取りを申し出ます。

記

1　買取りの申出の理由

2　生産緑地に関する事項

所在及び地番	地目	地積	当該生産緑地に存する所有権以外の権利		
			種類	内容	当該権利を有する者の氏名及び住所
		㎡			

3　参考事項

(1)当該生産緑地に存する建築物その他の工作物に関する事項

所在及び地番	用途	構造の概要	延べ面積	当該工作物の所有者の氏名及び住所	当該工作物に存する所有権以外の権利		
					種類	内容	当該権利を有する者の氏名及び住所

(2)買取り希望価格

(3)その他参考となるべき事項

【農業の主たる従事者証明願い】

生産緑地買取り申出に伴う主たる従事者証明願

令和　年　月　日

○○市農業委員会会長殿

申出者　住所

電話

氏名　　　　　　㊞

生産緑地法第１０条の規定に基づき買取りを申出する生産緑地につき、買取り申出理由の生じた下記の者が、同法第１０条の規定に基づく「農業の主たる従事者（同法施行規則第３条の規定に基づく「一定割合以上従事している者」を含む。）」に該当することを証明願います。

記

1　買取り申出理由の生じた者

　　　　　　　氏名

　　　　　　　住所

　　　　　　　電話

　　　　　　　申出者との続柄

2　買取り申出理由　　死亡・故障（　　　　　　）

3　買取り申出理由が生じた日　　　　　　年　月　日

4　買取り申出する生産緑地

所在及び地番	地目	地積（㎡）

生産緑地買取り申出に伴う農業の主たる従事者証明書

○○農委証第　　号

　　上記の買取り申出理由が生じた者は、生産緑地法第１０条の規定に基づく「農業の主たる従事者（同法施行規則第３条の規定に基づく「一定割合以上従事している者」を含む。）」に該当することを証明する。

令和　年　月　日

　　　　　　　○○市農業委員会

　　　　　　　会長

1.4 生産緑地の要件緩和と新制度の創設

　従来は市街化区域内の農地を「宅地化すべきもの」と位置づけられていましたが、都市農業振興基本計画で「保全すべきもの」と政策転換されたことを受けて、生産緑地法は平成29年5月に改正されました。

　改正のポイントは、「生産緑地の面積要件の引下げ」、「建築規制の緩和」、「特定生産緑地の創設」の3つです。

(1) 面積要件の引下げ

　生産緑地地区の指定面積は、一団で500㎡以上の規模が必要でした。

　生産緑地地区の指定は、一人の農地の所有者だけでなく、複数の農地の所有者であっても、受けることができます。

　たとえば、生産緑地指定を単独の所有者が1,000㎡の農地で受けている場合と、複数の所有者の所有する一団の1,000㎡の農地で受けている場合があったとします。

単独の所有者で生産緑地の指定
甲所有　1,000㎡

複数の所有者で生産緑地の指定	
甲所有　400㎡	乙所有　600㎡

　複数の所有者の所有する一団の地域で生産緑地地区の指定を受けている場合、乙に相続が発生し、乙の相続人が「死亡」を原因として「買取りの申出」をして生産緑地を解除すると、残りの甲の所有する農地のみでは面積要件の500㎡を満たしませんので、甲の意思にかかわらず、一団の生産緑地が解除されてしまいます。

　このような事態を避けるために、地方自治体が条例で定めることにより、生産緑地の面積要件を500㎡から300㎡に引き下げることが可能となりました。

　また、複数の農地を一団の農地として生産緑地の指定を受ける場合、個々の農地は100㎡以上となります。

単独の所有者で生産緑地の指定		複数の所有者で生産緑地の指定		
甲所有　400㎡		甲所有 100㎡	乙所有 150㎡	丙所有 150㎡

参考 　面積要件を引き下げた地区（令和2年7月現在）

東京都	目黒区、大田区、世田谷区、杉並区、板橋区、練馬区、足立区、葛飾区、江戸川区、立川市、武蔵野市、三鷹市、府中市、昭島市、調布市、町田市、小金井市、小平市、日野市、東村山市、国分寺市、国立市、福生市、狛江市、東大和、清瀬市、東久留米市、武蔵村山市、多摩市、稲城市、羽村市、西東京市、八王子市、青梅市、あきる野市
埼玉県	さいたま市、川口市、越谷市、朝霞市、新座市、八潮市、所沢市、蕨市、志木市、富士見市、川越市、草加市、坂戸市、ふじみ野市、入間市、和光市
千葉県	千葉市、市川市、船橋市、松戸市、習志野市、柏市、流山市、鎌ケ谷市
神奈川県	横浜市、川崎市、相模原市、鎌倉市、藤沢市、茅ヶ崎市、伊勢原市、海老名市、平塚市、厚木市、大和市、秦野市、南足柄市、横須賀市、座間市
静岡県	静岡市、浜松市
愛知県	名古屋市、一宮市、小牧市、碧南市、岡崎市
三重県	四日市市
京都府	京都市、長岡京市、宇治市、常陽市、向日市、八幡市
奈良県	大和郡山市、天理市
大阪府	大阪市、堺市、箕面市、豊中市、高槻市、茨木市、摂津市、枚方市、寝屋川市、東大阪市、柏原市、富田林市、大阪狭山市、岸和田市、池田市、泉大津市、八尾市、松原市、大東市、羽曳野市、門真市、藤井寺市、守口市、交野市、四條畷市、河内長野市、吹田市、島本町、高石市、貝塚市、泉佐野市、
兵庫県	神戸市、西宮市、尼崎市、伊丹市、宝塚市、川西市、三田市

■ 特定生産緑地の面積要件引下げ（道連れ解除の防止）（国土交通省ホームページより）

【課題・背景】

○生産緑地地区を都市計画に定めるには、一団で500㎡以上の区域とする規模要件が設けられており、要件を満たさない小規模な農地は、農地所有者に営農意思があっても、保全対象とされていない。

○公共収用等に伴い、又は複数所有者の農地が指定された生産緑地地区で一部所有者の相続等に伴い、生産緑地地区の一部の解除が必要な場合に、残された面積が規模要件を下回ると、生産緑地地区全体が解除されてしまう（道連れ解除）。

> **都市農業振興基本計画（抜粋）**
>
> 現行制度上、生産緑地地区の指定の対象とされていない500㎡を下回る小規模な農地や、農地所有者の意思に反して規模要件を下回ることになった生産緑地地区については、都市農業振興の観点も踏まえ、農地保全を図る意義について検討した上で、必要な対応を行う。

- **小規模でも身近な農地として緑地機能を発揮**

  都市住民が農家と交流しながら野菜の収穫体験を行うイベントの実施

- **営農意欲があっても生産緑地地区が解除される事例**

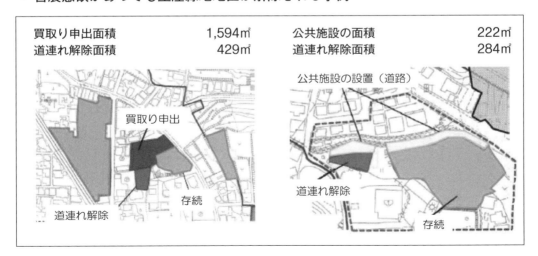

| 買取り申出面積 | 1,594㎡ | 公共施設の面積 | 222㎡ |
| 道連れ解除面積 | 429㎡ | 道連れ解除面積 | 284㎡ |

> 改正内容

○法改正：生産緑地地区の面積要件を条例で300㎡（政令で規定）まで引下げ可能に。

○運用改善：併せて、同一又は隣接する街区内に複数の農地がある場合、一団の農地等とみなして指定可能に（ただし、個々の農地はそれぞれ100㎡以上）。

※　これらの制度・運用改正を受けた生産緑地も、従前の税制（固定資産税の農地課税・相続税の納税猶予）を適用。

⑵　建築規制の緩和

　生産緑地地区では、建築物その他の工作物の新築や増改築は、市町村長の許可を受けなければならず、農機具の倉庫、農作業場、ビニールハウス、温室などの農業用施設に限定されていました。

　しかし、改正により、市町村長の許可の対象に、農産物の加工施設、直売所、レストランが追加されました。

■ 生産緑地地区における建築規制の緩和（直売所等を可能に）(国土交通省ホームページより)

【課題・背景】

○生産緑地地区内では、設置可能な建築物を農業用施設に厳しく限定。

○かねてより、農業団体等から直売所等の設置を可能とする要望がある。

○国家戦略特区会議にて農家レストランの設置検討についてとりまとめ。

【改正内容】

○生産緑地地区に設置可能な建築物として、農産物等加工施設、農産物等直売所、農家レストランを追加。

改正前

生産緑地地区内に設置可能な施設は、<u>農林漁業を営むために必要で、生活環境の悪化をもたらすおそれがないものに限定</u>

【設置可能な施設】

① **生産又は集荷の用に供する施設**

ビニールハウス、温室、育種苗施設、農産物の集荷施設 等

② **生産資材の貯蔵又は保管の用に供する施設**

農機具の収納施設、種苗貯蔵施設 等

③ **処理又は貯蔵に必要な共同利用施設**

共同で利用する選果場 等

④ **休憩施設その他**

休憩所（市民農園利用者用を含む）、農作業講習施設 等

「国家戦略特区における追加の規制改革事項等について」

（H28.3 国家戦略特区諮問会議）

・・・農業の6次産業化の一層の推進等のため、都市農業が営まれる生産緑地地区においても・・・農家レストラン等の設置を可能とすることを検討し、早期に結論を得る。

参考：隣接する生産緑地の所有者が経営するレストランイメージ（練馬区）

改正後

営農継続の観点から、新鮮な農産物等への需要に応え、農業者の収益性を高める下記施設を追加。
 	
【追加する施設】
① 生産緑地内で生産された農産物等を主たる原材料とする製造・加工施設
② 生産緑地内で生産された農産物等又は①で製造・加工されたものを販売する施設
③ 生産緑地内で生産された農産物等を主たる材料とするレストラン
 	
  ※ 生産緑地の保全に無関係な施設（単なるスーパーやファミレス等）の立地や過大な施設を防ぐため、省令で下記基準を設ける。
  ・残る農地面積が地区指定の面積要件以上
  ・施設の規模が全体面積の 20% 以下
  ・施設設置者が当該生産緑地の主たる従事者
  ・食材は、主に生産緑地及びその周辺地域（当該市町村又は都市計画区域）で生産

⑶ 特定生産緑地制度の創設

①制度の概要

　生産緑地所有者は、生産緑地の指定を受けて30年を経過する日（申出基準日といいます）以後は、市町村長に買取りの申出をすることにより、生産緑地の指定を解除することができます。

　30年経過する日までに、生産緑地所有者は、特定生産緑地指定申請をして市町村長の指定を受ければ、買取りの申出のできる時期が10年間延期されます。

　特定生産緑地の指定を受けた後も、改めて生産緑地所有者の同意により、10年を経過する日（指定期限日といいます）までに再指定を受けることができます。

　なお、30年を経過した後は、特定生産緑地の指定を受けることはできません。

▶特定生産緑地の創設

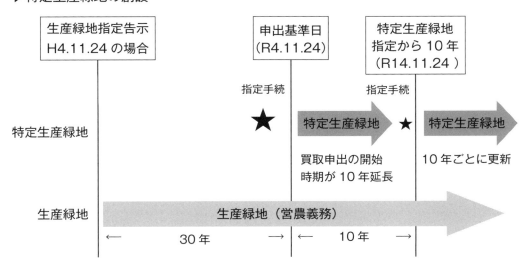

※特定生産緑地の指定は、申出基準日より前に特定生産緑地に指定する必要があります。
※申出基準日を経過した場合は、特定生産緑地に指定することは出来ません。

（船橋市ホームページより）

特定生産緑地の指定を受けられる生産緑地は、下記のとおりです。

	種類	可否
旧生産緑地法（昭和 48 年施行）	第一種生産緑地	不可
	第二種生産緑地	不可
生産緑地法（平成 4 年施行）	新生産緑地	可

　特定生産緑地は、申出基準日が到来する前に指定するものであるため、平成4年以降に指定を受けた生産緑地が指定の対象となります。

　このため、申出基準日を既に経過している旧生産緑地法による第一種生産緑地及び第二種生産緑地は、特定生産緑地の指定の対象外となります。

　特定生産緑地の指定を受けた場合、固定資産税は継続して農地課税となり、相続税の農地等の納税猶予制度は次の世代でも受けることができます。

　特定生産緑地の指定を受けない場合は、固定資産税は農地課税から5年間で段階的に宅地並み課税に上昇し、相続税の農地等の納税猶予は、現在適用している納税猶予までとなります。

【固定資産税の上昇のイメージ】

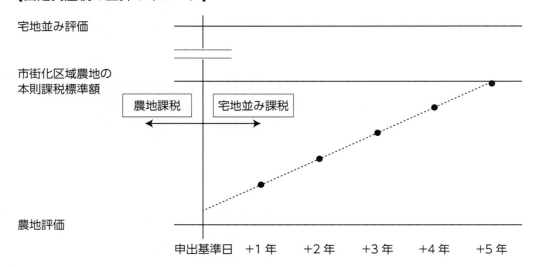

▶特定生産緑地制度の創設

30年経過後の対応	(1) 特定生産緑地 指定する （＝生産緑地）	(2) 特定生産緑地 指定しない ＋ そのまま生産緑地	(3) 特定生産緑地 指定しない ＋ 買取り申出を行い 宅地利用
営農義務	あり	あり	なし （行為制限解除後）
建築規制	あり	あり	なし （行為制限解除後）
買取り申出	10年できない （死亡・故障にて可能）	いつでもできる	―
固定資産税 都市計画税	現状維持 （農地課税）	宅地並み課税 （段階的）	宅地並み課税
相続税 納税猶予	次の相続でも 受けられる	次の相続では 受けられない	納税猶予 支払い発生

（船橋市ホームページより）

②特定生産緑地の指定を受けられる条件

特定生産緑地の指定には、次のような条件があります。

指定可能なもの	・農地として適正な管理が行われているもの ・300㎡（面積要件）以上のもの
指定不可能なもの	・現に耕作されておらず、引き続き耕作する目的のないもの ・農業目的以外の倉庫や駐車場などの工作物が設置されているもの
条件付きで指定可能なもの	・地力回復や連作障害の回避のため、一時的に休ませているもの ・耕作者の病気、けが、家族の介護、相続手続中などのやむを得ない理由により休耕しているもの ・倉庫や駐車場などの工作物が設置されている場合、日常的に農業のために設置されていることが確認できたもの ・所有地が300㎡（面積要件）未満であっても、一団の土地として合計で300㎡以上を確保できるもの

③指定の申請手続

特定生産緑地の申請書類は、下記のとおりです。

なお、筆の一部を特定生産緑地に指定する場合は、分筆が必要となります。

> ○特定生産緑地指定申請書
>
> ○特定生産緑地指定同意書
>
> ○指定希望地の全部事項証明書（発行から３か月以内）
>
> ○指定希望地の公図
>
> ○利害関係人全員の印鑑証明書（発行から３か月以内）

【特定生産緑地指定申請書】

	○ ○ 市 特 定 生 産 緑 地 指 定 申 請 書		整理 番号	―
	○○市長 殿 　生産緑地法（昭和４９年法律第６８号）に基づく特定生産緑地として指定を受けたいので、下記のとおり申請します。なお、申請した土地が生産緑地及び特定生産緑地の指定基準に不適合となった場合は、指定の解除となることについて一切の異議の申し立ては致しません。			
1	申 請 年 月 日	年　　月　　日（　）		備考
2	ふりがな 申　請　者 （代表所有者）氏名		実印	
3	申　請　者 （代表所有者） 住所・電話番号	〒　　―　　　　TEL		
4	申請生産緑地面積	合　計　　　　　㎡		
5	申請生産緑地所在地	第３号様式　　生産緑地明細書のとおり		
6	添　付　書　類	1　特定生産緑地指定同意書（第２号様式）　枚 2　土地登記事項証明書　枚 3　公図の写し　枚 4　印鑑登録証明書　枚 ※5　地積測量図　枚		
8	記 入 上 の 注 意	1　上記太枠内の２〜４及び６について記入してください。 2　公図の写しは、最新のもので、それぞれ申請区域を赤線で囲み、生産緑地明細書（第３号様式）に合わせて筆ごとに番号をつけてください。 3　土地登記事項証明書は、最新のもので、筆ごとに添付してください。 4　印鑑登録証明書は、最新のもので、当該農地の権利者全員のものを原本で添付してください（権利者の人数と印鑑登録証明書の枚数は同じです。）。 5　地積測量図は、最新のもので、必要な箇所のみ添付してください。		

※一筆の全部又は一部が生産緑地として指定されており、その一部を申請する場合に必要。

【特定生産緑地指定同意書】

○ ○ 市 特 定 生 産 緑 地 指 定 同 意 書		整理 番号	―

○○市長 殿

　生産緑地明細書（特-第３号様式）の生産緑地について、生産緑地法第１０条の２第１項及び同法第１０条の２第３項の規定に基づき、特定生産緑地として指定することに同意します。

権利調書

生 産 緑 地 に お け る 代 表 所 有 者 の 住 所	代表所有者氏名	実 印	権利の 種 類	権利を有する 生産緑地の番号
〒				

生 産 緑 地 に お け る 権 利 者 の 住 所	権利者氏名	実 印	権利の 種 類	権利を有する 生産緑地の番号
〒				
〒				
〒				
〒				

　　権利者は上記同意事項に加え、代表所有者に対し特定生産緑地指定に必要な書類の届出、訂正等に係る一切の行為を委任する。

記入上の注意
1　農地等利害関係人はもれなく記載し、全員の同意を取得してください。
2　共有名義で所有権を有する権利者の同意も取得してください。
3　印鑑登録証明書は、最新のもので、農地等利害関係人全員分を原本で添付してください（権利者の人数と印鑑証明書の枚数は同じです。）。
4　権利の種類の欄には、所有権、地上権、賃借権、登記されている永小作権、先取特権、質権、抵当権等を記入してください。
5　その権利を有する生産緑地の場所を、生産緑地明細書に対応するように、番号を記入してください。
6　相続税等の納税猶予の適用によって、財務省が農地等利害関係人となっている場合は、その同意を○○市が一括して取得しますので、実印欄の押印及び印鑑登録証明書の添付は不要です（記入はしてください。）。

【生産緑地明細書】

	番号	生 産 緑 地 所 在 地 番				面　　積		地　目	申出基準日		
		生 産 緑 地 明 細 書	整理番号	—	代表所有者					実印	
☐	1	○○市	丁目	番	の	全部 一部	公簿　　　㎡ 実測　　　㎡		年　　　月　　　日		
☐	2	○○市	丁目	番	の	全部 一部	公簿　　　㎡ 実測　　　㎡		年　　　月　　　日		
☐	3	○○市	丁目	番	の	全部 一部	公簿　　　㎡ 実測　　　㎡		年　　　月　　　日		
☐	4	○○市	丁目	番	の	全部 一部	公簿　　　㎡ 実測　　　㎡		年　　　月　　　日		
☐	5	○○市	丁目	番	の	全部 一部	公簿　　　㎡ 実測　　　㎡		年　　　月　　　日		
☐	6	○○市	丁目	番	の	全部 一部	公簿　　　㎡ 実測　　　㎡		年　　　月　　　日		
☐	7	○○市	丁目	番	の	全部 一部	公簿　　　㎡ 実測　　　㎡		年　　　月　　　日		
☐	8	○○市	丁目	番	の	全部 一部	公簿　　　㎡ 実測　　　㎡		年　　　月　　　日		
☐	9	○○市	丁目	番	の	全部 一部	公簿　　　㎡ 実測　　　㎡		年　　　月　　　日		
☐	10	○○市	丁目	番	の	全部 一部	公簿　　　㎡ 実測　　　㎡		年　　　月　　　日		

記入上の注意
1　面積は実測又は公簿の該当する方に○印をつけて下さい。
2　番号は、公図の写しのそれぞれの筆ごとにつけた番号に対応するように記入して下さい。

1.5 使い勝手がよくなった生産緑地の賃貸借

⑴ 農地の賃貸借と相続税の農地等の納税猶予の関係

平成27年に施行された「都市農業振興基本法」により平成28年に閣議決定された「都市農業振興基本計画」では、都市農地の位置づけを「宅地化すべきもの」から「保全すべきもの」に変更しました。

この変更を受けて、都市農業の健全な発展と都市農地の有効活用を目的として、都市農地である生産緑地を貸借しやすくするため、都市農地貸借法が平成30年に施行されました。

通常の貸付けの場合は、相続税の納税猶予の期限が確定して打ち切りになり、相続税を納税しなければなりませんが、この都市農地貸借法により生産緑地を賃貸した場合は、既に納税猶予を受けていても継続することができます。

また、都市農地貸借法により生産緑地を貸し付けていた被相続人から、相続人が相続で取得した場合も、相続税の納税猶予の適用を受けることができます。

【農地の貸借と相続税の納税猶予との関係】

農地の種類		三大都市圏の特定市	三大都市圏の特定市以外	納税猶予期間の終了事由とならない貸付け
市街化区域農地		適用なし	適用可（20年継続で免除）	営農困難時貸付け
	生産緑地	適用可（終身営農）	適用可（終身営農）	営農困難時貸付け
				都市農地貸借法による貸付け
農業振興地域内の農地等		適用可（終身営農）	適用可（終身営農）	営農困難時貸付け
				特定貸付け（農地中間管理事業の推進に関する法律又は農業経営基盤強化促進法）

この制度により、生産緑地の次のような活用ができるようになりました。

農業経営の規模拡大	隣接農地を借りて経営効率化
新規参入	農地を借りて農業経営に新規参入
法人化	法人に貸し付けて農業経営を法人化
事業承継	後継者に貸し付けて農業経営を承継

⑵ 耕作を目的とする者に貸す場合

①制度を利用する場合のメリット

　農地の貸借は、農地法の適用を受け、法定更新と解約制限があるため、土地所有者からすると、農地を貸すと返還される見込みがなくなる、というデメリットがありました。

　また、相続税の農地等の納税猶予の適用を受けていた場合、農地を貸し付けると相続税の納税猶予の終了事由に該当し、納税猶予を受けている相続税を一括納付しなければなりませんでした。

　都市農地貸借法による貸付けでは、このようなデメリットを解決し、契約期間経過後は更新しないこともできるようにし、また相続税の納税猶予においても終了事由に該当しないこととしました。相続税の納税猶予を受けている都市農地を賃貸する場合、貸付けをした日から2か月以内に税務署に「認定都市農地貸付け等に関する届出書」（35ページ参照）を提出します。

	通常（農地法による貸借）	都市農地貸借法
・法定更新 （農地法による契約の自動更新制度）	**適用される** 契約を更新しないことについて知事の許可がない限り<u>農地が返ってこない</u>	**適用されない** 契約期間経過後に農地が返ってくるので<u>安心して農地を貸せる</u>
・相続税納税猶予制度	**原則、打ち切り** 納税猶予が打ち切られ、猶予税額と利子税の納税が必要	**継続** 相続税納税猶予を受けたままで農地を貸すことができる

> 参考　農地法の法定更新と解約制限

　農地を貸し付けた後に、契約解除等をするときは、都道府県知事の許可が必要となりますが、賃借人の信義則違反等の限られた場合でなければ許可を受けることができません。

法定更新	知事の許可を受けて、期間満了の1年前から6月前までの間に更新しない旨の通知が必要 通知しないときは、従前と同一条件で更新したものとみなす
解約制限	解除、解約の申入れ、合意解約、更新拒絶の通知は、知事の許可が必要 許可を受けずに解約等をしても無効

②貸借の手続

　この制度は、都市農地を借りる都市農業者が、事業計画を作成し、農業委員会の決定を経て市区町村長の認定を受けます。

都市農業者（借り手）が耕作の事業に関する計画書を市区町村に提出

⬇

市区町村は、要件を審査後、農業委員会へ送付

⬇

農業委員会で事業計画を決定

⬇

市区町村は農業委員会の決定後、事業計画を認定

⬇

事業計画に基づき農地所有者から都市農業者に対し賃借権を設定

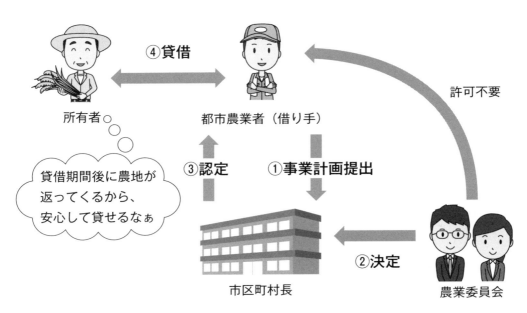

（農林水産省ホームページ「 都市農地の貸借がしやすくなります」より）

③事業計画の認定基準

事業計画の認定基準は、以下のとおりです。

①都市農業の機能の発揮に特に資する基準に適合する方法により都市農地で耕作を行うか

〈例〉

・生産物の一定割合を地元直売所等で販売する

・防災協力農地として市町村等と防災協力協定を締結する

・都市住民が農作業体験を通じて農作業に親しむ取組みをする

②周辺地域における農地の農業上の利用の確保に支障を生ずるおそれがないか

③農地のすべてを効率的に利用するか

④法人の場合は、業務執行役員等のうち一人以上が耕作の事業に常時従事するか等

なお、耕作を目的とする者に貸す場合と同様に税務署への届出は必要です。

⑶　市民農園として貸す場合

①制度を利用する場合のメリット

農地を市民農園として貸し付ける場合であっても、農地法の規制を受けるため、特例として農業委員会の承認した特定農地貸付法による貸付けが認められていました。

しかし、特定農地貸付法による貸付けは、市民農園の開設者が土地所有者から直接借りることはできず、地方公共団体、農地中間管理機構、農地利用集積円滑化団体の介在が必要となります。

また、相続税の農地等の納税猶予の適用を受けている方が、市民農園として貸し付ける場合、原則として相続税の納税猶予は終了し、猶予されていた相続税を納めなければなりません。

都市農地貸借法による貸付けでは、このようなデメリットを解決し、市民農園の開設者は、農地所有者から直接借りることができるようにし、また相続税の納税猶予においても終了事由に該当しないこととしました。

	通常（特定農地貸付法）	都市農地貸借法 （特定都市農地貸付け）
・農地の借り方	**農地所有者から直接 借りることができない** 地方公共団体・農地利用集積円滑化団体・農地中間管理機構の介在が必要となる	**農地所有者から直接 借りることができる** スムーズに農地を借りることができる
・相続税納税猶予制度	**原則、打ち切り**※ 納税猶予が打ち切られ、猶予税額と利子税の納税が必要	**継続** 相続税納税猶予を受けたままで農地を貸すことができる

※通常（特定農地貸付法）の場合でも、地方公共団体や農業協同組合、農地所有者が生産緑地で開設する場合には相続税納税猶予を継続することが可能となりました。

②貸借の手続

ア）市民農園の開設者が都市農地を借りて開設する場合

　この制度は、市民農園の開設者（以下開設者といいます）が、農地の所有者、市区町村と協定を締結して農業委員会の承認を受けます。

開設者、都市農地の所有者、市区町村の三者で協定を締結します。

開設者は、下記の内容を定めた貸付規程を作成します。 ・農地の所在、地番及び面積 ・貸付けを受ける者の募集及び選考の方法 ・農地の貸付期間その他の条件 ・農地の適切な利用を確保するための方法など

開設者は、農業委員会へ承認申請します（協定及び貸付規程を添付）。

農業委員会は、審査の上承認します。

農業委員会の承認後、開設者は農地所有者から土地を借り受けます。

開設者は、利用者と利用契約を締結し農地を貸し付けます。

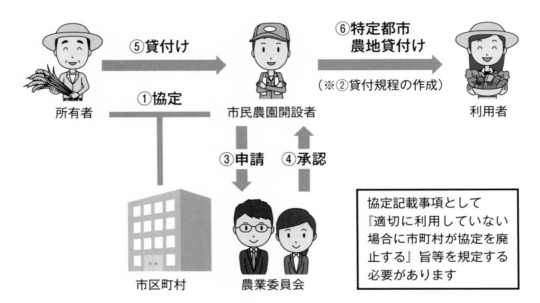

⑤貸付け
⑥特定都市
農地貸付け
（※②貸付規程の作成）

①協定

所有者　　　　　　市民農園開設者　　　　　　利用者

③申請　④承認

市区町村　　　農業委員会

協定記載事項として
『適切に利用していない
場合に市町村が協定を廃
止する』旨等を規定する
必要があります

（農林水産省ホームページ「都市農地の貸借がしやすくなります」より）

イ）都市農地の所有者が市民農園を開設する場合

　この制度は、都市農地の所有者兼市民農園の開設者（以下開設者といいます）が、市区町村と協定を締結して、農業委員会の承認を受けます。

開設者（都市農地の所有者）、市区町村で協定を締結します。

開設者は、下記の内容を定めた貸付規程を作成します。 　・農地の所在、地番及び面積 　・貸付けを受ける者の募集及び選考の方法 　・農地の貸付期間その他の条件 　・農地の適切な利用を確保するための方法など

開設者は、農業委員会へ承認申請します（協定及び貸付規程を添付）。

農業委員会は、審査の上承認します。

農業委員会の承認後、開設者は農地所有者から土地を借り受けます。

開設者は、利用者と利用契約を締結し農地を貸し付けます。

⑶　承認の基準

　承認の基準は、以下のとおりです。

1. 貸付面積が10アール（1,000㎡）未満（利用者1人あたり）

2. 貸付期間が5年以下

3. 利用者は営利を目的としない農作物の栽培を行うこと

4. 相当数の人を対象に一定の条件で貸付けを行うことなど

⑷　相続税の納税猶予の適用を受けている農業相続人の手続

　相続税の納税猶予の適用を受けている農業相続人が、都市農地貸借法による貸付けをした場合は、貸付日から2か月以内に所轄税務署長に「相続税の納税猶予の認定都市農地貸付け等に関する届出書」を提出しなければなりません。

耕作を目的とする者に貸し付けた場合	都市農業者による事業計画認定書の写し（市区町村長発行）
市民農園として貸す場合	特定農地貸付け承認書（農業委員会発行）

相続税の納税猶予の認定都市農地貸付け等に関する届出書

※欄は記入しないでください。

税務署
受付印

令和＿＿＿年＿＿＿月＿＿＿日

＿＿＿＿＿＿＿＿＿税務署長

〒

届出者 住 所（居 所）＿＿＿＿＿＿＿＿＿＿＿＿＿＿＿＿＿＿

氏 名 ＿＿＿＿＿＿＿＿＿＿＿＿＿＿＿＿＿＿

（電話番号 ＿＿ ＿＿ ＿＿）

租税特別措置法第70条の6の4第2項 第2号／第3号 に規定する 認定都市農地貸付け／農 園 用 地 貸 付 け を行った下記の特例農地等については同条第1項の規定の適用を受けたいので、同項の規定により届け出ます。

1 被相続人等に関する事項

被 相 続 人	住 所（居 所）		氏 名	

届出者が被相続人から特例農地等を相続（遺贈）により取得した年月日	昭和／平成／令和 年 月 日

2 認定都市農地貸付け等に関する事項

（注）下記の(3)の貸付けを行った場合、①欄及び③欄の記載は不要であり、②欄には「租税特別措置法第70条の6の4第2項第3号ロの貸付規程に基づく最初の貸付けの年月日」を記載して下さい。

①借り受けた者	住所（居所）又 は 本 店（主たる事務所）の所在地		氏 名又は名 称	

②認定都市農地貸付け等を行った年月日	令和 年 月 日	③賃借権等の存続期間	自：令和 年 月 日
			至：令和 年 月 日

上記の貸付けは、次の貸付けにより行いました。（該当する番号を〇で囲んでください。）

【認定都市農地貸付け】

(1) 都市農地の貸借の円滑化に関する法律に規定する認定事業計画に基づく貸付け

【農園用地貸付け】

(2) 特定農地貸付けに関する農地法等の特例に関する法律（以下「特定農地貸付法」といいます。）の規定により地方公共団体又は農業協同組合が行う特定農地貸付けの用に供されるための貸付け

(3) 特定農地貸付法の規定により農業相続人が行う特定農地貸付け（その者が所有する農地で行うものであって、一定の貸付協定を市町村と締結しているものに限ります。）

(4) 都市農地の貸借の円滑化に関する法律の規定により地方公共団体及び農業協同組合以外の者が行う特定都市農地貸付けの用に供されるための貸付け

□ 上記の(2)～(4)の貸付けが市民農園整備促進法の規定による認定に係るものである場合（該当する場合には、チェックを入れてください。）

上記の認定都市農地貸付け等を行った特例農地等の明細は、付表1のとおりです。

3 平成30年8月31日以前の相続（遺贈）について納税猶予の適用を受けている農業相続人（相続（遺贈）により取得した日において特例農地等のうちに都市営農農地等を有しない農業相続人に限ります。）が有する特例農地等に関する事項

農業相続人が有する特例農地等の取得をした日における当該特例農地等の区分は、付表2の1、同2の2及び同2の3のとおりです。

関与税理士		電話番号	

※	通信日付印の年月日	（確 認）	整理簿番号
	年 月 日		

⑸ 都市農地貸借法による賃貸状況

令和元年度末における都市農地貸借法による賃貸状況は、下記のとおりです（農林水産省ホームページより）。

自ら耕作の事業を行う者への賃貸は、平成30年度では22件（49,438㎡）であったのが、令和元年度では119件（222,199㎡）へ、市民農園を開設するための賃貸は、平成30年度では20件（33,148㎡）であったのが令和元年度では55件（83,631㎡）と、合計では82,586㎡から305,830㎡と3.7倍に急増しています。

①耕作を目的として賃貸した場合

都道府県名	市区町村名	事業計画の認定状況	
		件数	面積（㎡）
埼玉県	朝霞市	1	3,431
	新座市	1	5,239
	富士見市	1	1,635
	坂戸市	1	5,066
千葉県	船橋市	1	1,759
東京都	世田谷区	5	9,725
	板橋区	1	2,050
	練馬区	5	18,754
	足立区	1	1,772
	江戸川区	1	689
	八王子市	5	6,471
	三鷹市	5	13,466
	府中市	8	7,951
	昭島市	2	4,143
	調布市	2	2,767
	町田市	6	14,186
	小平市	5	11,603
	日野市	4	8,795
	東村山市	5	6,752
	国立市	1	1,317

	清瀬市	1	2,776
	武蔵村山市	2	3,845
	多摩市	1	400
	西東京市	2	363
神奈川県	川崎市	1	239
	平塚市	1	2,406
	茅ヶ崎市	2	1,582
愛知県	名古屋市	4	13,684
	碧南市	1	3,419
	日進市	1	2,369
京都府	京都市	5	7,131
大阪府	岸和田市	1	2,507
	高槻市	1	500
	貝塚市	2	2,587
	八尾市	8	10,288
	寝屋川市	1	1,138
	河内長野市	1	1,682
	柏原市	1	1,595
	東大阪市	3	4,603
	泉南市	3	4,113
兵庫県	神戸市	1	4,847
	尼崎市	5	8,013
	伊丹市	7	5,111
	宝塚市	1	1,114
	川西市	1	451
和歌山県	和歌山市	1	7,864
9	46	119	222,198

②市民農園として賃貸した場合

都道府県名	市区町村名	特定都市農地貸付けの承認状況			市民農園開設数
		件数	面積（㎡）	農園区画数	
埼玉県	さいたま市	1	1,288	75	1
	川口市	1	1,187	114	1
	朝霞市	1	2,254	140	1
千葉県	柏市	1	4,241	185	1
	八千代市	1	2,457	121	1
東京都	目黒区	1	1,652	18	1
	世田谷区	5	8,536	728	5
	杉並区	2	2,572	329	2
	練馬区	3	6,147	502	3
	足立区	1	3,773	217	1
	江戸川区	1	1,288	140	1
	八王子市	1	1,809	86	1
	三鷹市	1	1,860	112	1
	府中市	1	2,000	166	1
	調布市	1	2,099	225	1
	小金井市	1	990	69	1
	狛江市	1	1,364	130	1
神奈川県	横浜市	2	4,100	223	2
	川崎市	3	3,164	220	3
	藤沢市	1	1,577	135	1
	茅ヶ崎市	1	1,881	140	1
	綾瀬市	1	2,193	140	1
静岡県	静岡市	3	2,547	237	3
愛知県	名古屋市	1	851	44	1
京都府	京都市	1	2,319	146	1
大阪府	大阪市	3	4,176	229	3
	堺市	4	4,030	142	0
	吹田市	1	1,197	118	1
	茨木市	1	406	15	1
	門真市	1	2,234	161	1
兵庫県	尼崎市	2	1,742	157	2
	西宮市	1	1,664	112	1
	伊丹市	3	2,656	171	3
	宝塚市	2	1,377	39	1
9	34	55	83,631	5,786	50

1.6 ‖ 生産緑地所有者の選択肢

　平成4年に生産緑地地区の指定を受けた農地を所有している方は、指定から30年を経過する日の直前の令和2年から令和4年までの期間は、大きな選択を迫られる時期となっています。

　生産緑地の指定を受けてから30年を経過すると、市区町村に対し「生産緑地の買取りの申出」をすることにより、生産緑地の指定を解除し、宅地へ転用することができます。

　平成29年に改正された生産緑地法では、指定を受けてから「買取りの申出」をすることができる期間を10年とする「特定生産緑地」という制度を設けました。

　この「特定生産緑地」においても、従前の生産緑地と同様の行為制限を受ける反面、固定資産税や相続税の優遇制度を受けることができます。

　特定生産緑地制度の創設により、生産緑地を所有する方にとっての選択肢は、現在、農地等の相続税の納税猶予の適用を受けている場合と受けていない場合で、大きく変わります。

⑴　税金の優遇制度からみた選択肢
①農地等の相続税の納税猶予の適用を受けている方
　ア）特定生産緑地の指定を受けるか否かの選択

　現在、農地等の相続税の納税猶予の適用を受けている方にとって、特定生産緑地の指定を受けるか受けないかの選択は、ご自身の後継者である次世代の方が、農地等の相続税の納税猶予の適用を受ける可能性があるかないかによって変わってきます。

　特定生産緑地の指定を受ければ、ご自身の相続のときに、次世代の方が相続税の納税猶予の適用を受けることができますが、特定生産緑地の指定を受けなければ、次世代の方は相続税の納税猶予の適用を受けることができません。

　したがって、選択肢を多く持つという観点からすれば、ご自身の相続のときに次世代の方が相続税の納税猶予を受けるか否かの選択ができるように、特定生産緑地

の指定を受けたほうがよいと思います。

　なお、特定生産緑地の指定を受けて、農地等の相続税の納税猶予について次世代の方の選択肢を増やすのであれば、特定生産緑地の指定を受けてから10年後に再度特定生産緑地の指定を受ける必要があります。

ご自身の選択肢	次世代の方の選択肢
特定生産緑地の指定を受ける	相続税の納税猶予を受ける
	相続税の納税猶予を受けない
特定生産緑地の指定を受けない	相続税の納税猶予は受けられない（選択の余地なし）

【相続税の納税猶予と特定生産緑地の関係】

1. 特定生産緑地の指定を受ける場合

・現在適用している納税猶予：引き続き、受けられる（適用可）
・次世代の納税猶予：新規に受けられる（適用可）

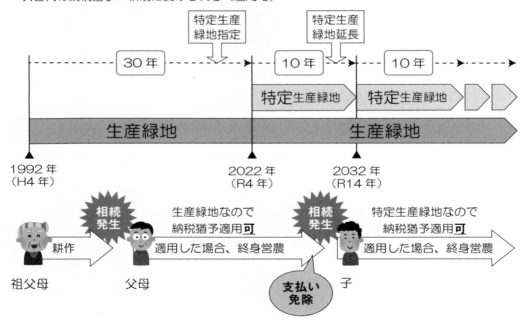

2. 特定生産緑地の指定を受けない場合

・現在適用している納税猶予：引き続き、受けられる（適用可）
・次世代の納税猶予：新規には**受けられない**（適用**不可**）

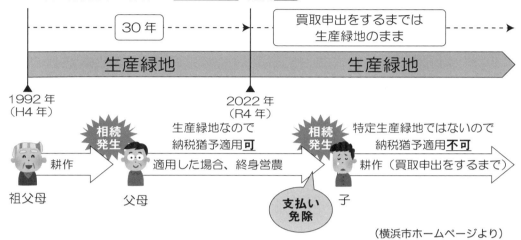

（横浜市ホームページより）

イ）買取りの申出をするか否かの選択

　特定生産緑地の指定を受けない場合、生産緑地の指定を受けてから30年を経過するため、「買取りの申出」をすることができます。

　ただし、農地等の相続税の納税猶予の適用を受けている場合、生産緑地の「買取りの申出」をしてしまうと、納税猶予が打ち切りとなり、納税猶予を受けていた相続税と納税猶予を受けている期間中の利子税を支払わなければなりません。

　したがって、農地等の相続税の納税猶予の適用を受けている方が、買取りの申出を選択するケースは少ないと思います。

【相続税の納税猶予と買取りの申出との関係】

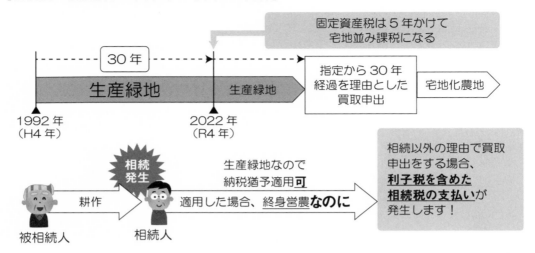

（横浜市ホームページより）

②農地等の相続税の納税猶予の適用を受けていない方

　ア）特定生産緑地の指定を受けるか否かの選択

　農地等の相続税の納税猶予の適用を受けていない方にとって、特定生産緑地の指定を受けるか否かの選択は、すべての生産緑地について営農する意思があるかないかによって変わってきます。

　その他、営農可能な生産緑地の範囲で、特定生産緑地の指定を受ける選択肢もでてきます。

　特定生産緑地の指定を受ければ、固定資産税は農地課税ですが、特定生産緑地の指定を受けなければ、5年間で段階的に宅地並み課税となっていきます。

現在の選択肢		次の選択肢
すべて特定生産緑地の指定を受ける	特定生産緑地	10年後に更新する
		更新しない
一部について特定生産緑地の指定を受ける	特定生産緑地	10年後に更新
		更新しない
	特定生産緑地以外	生産緑地を継続
		宅地へ転用（買取りの申出）
特定生産緑地の指定を受けない	特定生産緑地以外	生産緑地を継続
		宅地へ転用（買取りの申出）

イ）生産緑地の一部について特定生産緑地の指定を受ける場合

　所有している生産緑地の筆の一部について特定生産緑地の指定を受ける場合、分筆登記が必要となります。

　なお、分筆をする際には、一団で特定生産緑地の面積要件以上となるように分筆ラインを決める必要があります。

〈凡例〉

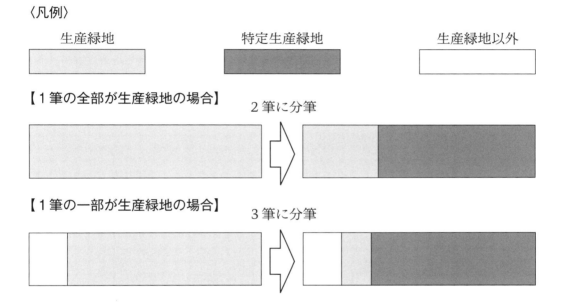

【分筆時の注意点（道連れ解除）】

　甲は、500㎡の生産緑地を分筆し、250㎡について特定生産緑地の指定を受けます。

　この地区の特定生産緑地の面積要件が300㎡とすると、仮に乙が買取りの申出をしてしまうと、甲所有の生産緑地は、面積要件の不足により、道連れ解除となってしまいます。

　したがって、事例のケースでは、甲は、特定生産緑地の面積要件を満たす300㎡で分筆する必要があります。

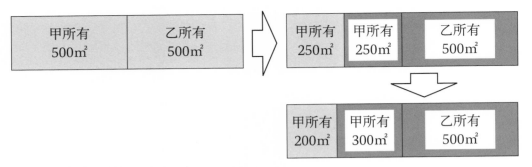

ウ）買取りの申出をするか否かの選択

　生産緑地の買取りの申出をするかしないかにかかわらず、特定生産緑地の指定を受けなければ、遅くとも5年後には、固定資産税は宅地並み課税となります。

　生産緑地の買取りの申出により生産緑地の指定を解除すれば、宅地に転用可能になりますが、固定資産税はすぐに宅地並み課税となります。

　買取りの申出をするか否かの選択は、宅地並みの固定資産税に見合う転用後の生産緑地の活用方法が決まっているか否かによってきます。

【手続から見た選択肢と優遇税制との関係】

相続税の納税猶予を受けている	特定生産緑地の指定を受ける	10年後に再指定を受ける	固定資産税	農地課税
			相続税	次世代も納税猶予可
		10年後に再指定を受けない	固定資産税	段階的に宅地並み課税
			相続税	次世代は納税猶予不可
	特定生産緑地の指定を受けない	買取りの申出をする	固定資産税	宅地並み課税
			相続税	納税猶予取消し
		買取りの申出をしない	固定資産税	段階的に宅地並み課税
			相続税	次世代は納税猶予不可
相続税の納税猶予を受けていない	特定生産緑地の指定を受ける	10年後に再指定を受ける	固定資産税	農地課税
			相続税	次世代も納税猶予可
		10年後に再指定を受けない	固定資産税	段階的に宅地並み課税
			相続税	次世代は納税猶予不可
	特定生産緑地の指定を受けない	買取りの申出をする	固定資産税	宅地並み課税
			相続税	―
		買取りの申出をしない	固定資産税	段階的に宅地並み課税
			相続税	次世代は納税猶予不可

⑵ 生産緑地の活用法からみた選択肢

①特定生産緑地の指定を受ける場合

　特定生産緑地の指定を受けた場合、原則として農業経営の継続が前提ですが、生産緑地の利用形態として、生産緑地法の改正による農産物の直売所やレストラン等の設置や都市農地貸借法による市民農園としての貸付けなどがあります。

生産緑地の用途	メリット	デメリット
農業経営の継続	・税制の特例を受けられる	・後継者など周囲の協力が必要
農産物の直売所等の設置	・地産地消に貢献	・税制の特例が受けられない
農家レストランの設置	・収入増	・初期投資が必要 ・税制の特例が受けられない
市民農園を開設	・農園の利用料収入 ・税制の特例を受けられる	・初期投資が必要 ・貸付けを継続しないと税制の特例が受けられなくなる
市民農園開設者へ貸付け	・地代収入 ・税制の特例を受けられる	・貸付けを継続しないと税制の特例が受けられなくなる
自ら耕作する人に貸付け	・地代収入 ・税制の特例を受けられる	・貸付け（耕作）を継続しないと税制の特例が受けられなくなる
営農困難時貸付け	・身体的な理由で農業経営を継続できなくなっても、税制の特例を受けられる	・貸付け（耕作）を継続しないと税制の特例が受けられなくなる

②買取りの申出をして宅地に転用する場合

　生産緑地の買取りの申出をして、宅地に転用した場合、処分や有効活用などの選択肢がでてきます。

　生産緑地の一部について買取りの申出をする場合、ご自身の所有している土地の用途を検討してから、宅地に転用する場所（もしくは特定生産緑地の指定を受ける場所）を決定する必要があります。

土地の用途	代表例
処分しても良い土地	将来の納税地（売却又は物納）
処分しにくい土地	底地、借地権
収益を生む土地	街道沿いの土地
残す土地	自宅、自宅回りの土地
残さざるをえない土地	無道路地、接道義務を満たさない等建築不可の土地

　所有している生産緑地の一部を宅地に転用する場合、転用後の用途の検討が必要となり、一般的には自宅回りにある土地は、将来にわたって所有し続けたいという意向のある方が多いように思います。

生産緑地の区分	選択肢の例
自宅に接する生産緑地	特定生産緑地の指定を受ける
	一部転用する場合は、自宅から遠い方
自宅に近い生産緑地	特定生産緑地の指定を受ける
	有効活用のために宅地転用する
自宅から離れた場所にある生産緑地	特定生産緑地の指定を受ける
	有効活用のために宅地転用する
	処分のために宅地転用する

　所有している生産緑地の一部について特定生産緑地の指定を受ける、又は買取りの申出をして宅地転用する際は、次の手順で検討していきます。

ブルーマップと公図でご自身の所有地を把握します（土地の利用状況を色分けするとわかりやすい）。 例　宅地・・・黄色、生産緑地・・・緑

ご自身で残す土地と処分しても良い土地の色分けをします。

それぞれの土地の特性や将来性について不動産に詳しい方の意見を聞きます。

なお、生産緑地として指定されている筆の一部について、特定生産緑地の指定を
受ける部分と買取りの申出をする部分があるときは、分筆案を作成する際に、上記
と同様の手順で検討していきます。

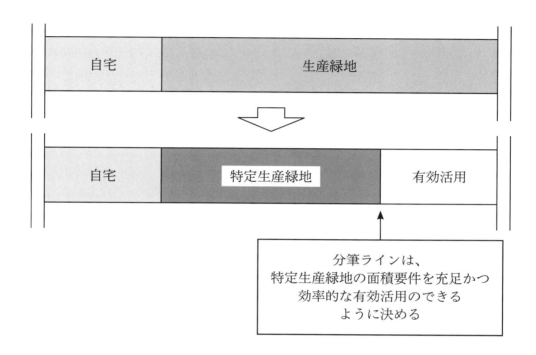

生産緑地保有者に対する金融機関からのアドバイス

城南信用金庫 名誉顧問　　　吉原 毅
城南総合研究所 名誉顧問

　いま生産緑地を保有している方から、「生産緑地を解除したいがどうすべきか」というご相談が増えていると思います。農家の高齢化が進み、跡取りがいない、息子が会社員なので農業に関するノウハウがない、などの問題により、多くの方が生産緑地を解除して、宅地に転用せざるを得ず、そうなると固定資産税が大幅に上昇するので、賃貸マンションやアパート経営をするしかないと思われるのです。こうした時に、金融機関として、どのようなアドバイスや提案ができるかが、農家の方々からの信頼を勝ち取ることができるかのカギであると思います。

○賃貸マンションやアパートは飽和状態

　たしかに、宅地に転用して賃貸マンションやアパート経営をはじめられる方は少なくありません。しかし賃貸マンションやアパート経営は今や飽和状態にあることを認識しなければなりません。これまでも都市部の農家では、相続税対策もあり、多額の借金をして賃貸マンションや賃貸アパートを建築してきました。この結果、すでに賃貸マンション・アパートは供給過剰の飽和状態にあり、賃貸収入から借入金、減価償却費などを差し引いた採算は赤字になるケースが多くなっています。

　多額の相続税を課せられて財産を失うよりは、たとえ赤字であっても賃貸マンション・アパート経営を行うというのが現在の状況です。しかし、将来の日本の人口は大きく減少すると予測されており、三大都市圏などの大都市近郊といえども、すでに周辺部から賃貸マンション・アパートの空き室が増えており、駅近で首都圏中心部への交通アクセスがよいなど、好条件の場所でなければ、将来は空室が発生し、家賃の切下げを迫られ、赤字経営になることを覚悟することが必要となるでしょう。こんな状態であるにもかかわらず、本当に賃

貸マンション・アパート経営をする必要があるのか、疑問を抱いてしまう方も多いと思います。

　金融機関としても、こうした状況に目をつぶって、安易に賃貸マンション・アパート経営の融資に応ずることは、やがて経営の破たん、不良債権の発生などにつながり、何よりも地域の農家からの信頼失墜につながるのではないでしょうか。

○農地を続ける場合のアドバイス

　農地を続ける場合、生産緑地の再指定を受けるか、改正案によって10年延期を適用することにより、固定資産税の上昇を防ぐことが必要です。そのうえで問題となるのが跡取りの問題です。たとえ子どもがいても、現在は会社づとめをしており、いまさら農家の跡を継ぐと言っても農業のノウハウもなく、本格的に農業を始めるのは困難だという例も少なくないと思われます。

　しかし、最近は団塊の世代などで、定年などを機会に自然や農業に興味を持ち、新たに地方に転居して、新たな人生を送ろうという価値観の方々も増えています。もっと若い世代も自然に親しみ、農業に興味をもち、農業を始めたいと思う方々が増えています。そうした方々をみると、マイペースで農業を楽しんでいる方もいらっしゃいます。こうした例を参考にして、新しい発想で、無理なく都市型農業を行うという提案はいかがでしょうか。

①自分で営農

　自分で営農する場合に、農地をすべて耕作しようとすると作業負担が大きいのは事実です。例えば、農地の全部を耕作するのではなく、一部分を耕作していくやり方もあります。また手のかかる米や野菜などの作物ではなく、果樹などの栽培に切り替える例もあります。また無農薬有機農法による野菜や水耕栽培によるイチゴなど、高付加価値の作物を生産し、市街地のレストランなど、新たな販路を開拓することも考えられます

②自分で営農＋農産物販売や農産物を使用したレストランなどを経営

　かつて生産緑地は「自分で営農」する以外の方法が認められていませんでし

たが、2017年の生産緑地法改正により、生産緑地内で生産された農産物を使った商品の製造、加工、販売のための施設やレストランを敷地内に設置できるようになりました。都市近郊という条件を生かして、農産物を利用したレストランやカフェを併設し、営農しながらそれらの施設を運営することで収益力のアップを見込めます。

③農地として賃貸する（市民農園、別の農家に貸す）

2018年の都市農地貸借法制定により、それまで生産緑地において認められていなかった「第三者による営農」も可能となりました。また、農地は農地法により賃貸借契約が自動更新される法定更新制度の適用を受けますが、都市農地貸借法の制定により、特定生産緑地は法定更新制度の適用を受けずに済むようになりましたので、安心して農地を貸せるようになりました。

そこで、ファミリー向けの貸農園、幼稚園や小学校など教育のための貸農園として、利用を提案していくことも考えられます。学童保育や高齢者施設、障がい者就労施設を近所に併設して、それらに対する貸農園として活用し、付加価値を高めていくことも考えられます。

このように、従来型の農業という観点にとらわれず、付加価値の高い、外部との連携をした活用方法を進めていけば、自ら農作業に追われるような負担はなくなり、これからも先祖伝来の大切な土地を農地として保全していくことが可能になります。

○外部企業とのマッチング

金融機関として必要なのは、生産緑地保有者に対して、農地活用の成功事例やヒントを伝え、高付加価値型の農業ビジネスを展開する企業や人材を紹介すること、つまりビジネスマッチングの機能です。大切なのは利益中心の企業ではなく、いかにして信頼できるパートナー企業と誠実な人材を紹介できるかということ。今農業には、従来の農協だけでなく、新しい動きが出てきています。

その一例が、日本労働者協同組合連合会（日本ワーカーズコープ連合会）や

生活協同組合のワーカーズコレクティブ企業です。2020年12月4日に、国会で労働者協同組合法が全党全会派の賛成により可決されましたが、これは、地域活性化を目的とした新しい協同組合型の企業です。日本労働者協同組合連合会では、農家の高齢化が進むなかで、耕作放棄地などの農地を借りて、日本の農業や地域社会の再生に努めていますが、こうした新しい企業と提携して、生産緑地が保有している農地の保全とともに、地域社会の持続的で活力ある発展を図ることを提案していくことも考えられます。

○ソーラーシェアリング

　都市型農業を続けるうえで、いま注目されるのは、ソーラーシェアリングという技術です。ソーラーシェアリングとは、農業をしながら同時に太陽光発電を行うものです。ソーラーシェアリングの場合は農業を続けながら太陽光発電を行うため、農地転用をする必要がありません。特に市街化区域農地であればごく簡単な届出だけでよく、簡単にソーラーシェアリングを始められるため、市街化区域地域の農地にこそお勧めします。

　ソーラーシェアリングは、農地に高さ3m程の高さの架台を組み、パネルの間隔をあけて設置します。約3分の1の光で発電し、残りの光で作物を育てます。つまりソーラーシェアリングとは、太陽の光を「農作物」と「太陽光パネル」で「分け合う」ということです。パネルで太陽光が遮られると、農作物が育たないのではと思われるかもしれません。しかし植物は大量の光があると光合成をやめてしまうので、かえって作物が良く育つのです。このソーラーシェアリングによる電気は、電力会社の販売する電気代よりも低コストであり、農作業の耕運機や設置レストランや周辺施設の電気として使用できます。また自然エネルギーの未来を担う技術として注目されており、環境にやさしい教育設備、観光施設としても価値があります。また現在は、売電はできませんが、今後規制緩和が行われれば、売電収入としても期待できます。なおケースによっては、生産緑地を解除して一般農地として売電収入を目的としたソーラーシェアリングにすることも可能です。

第2章

農地の相続に伴い
発生する税金

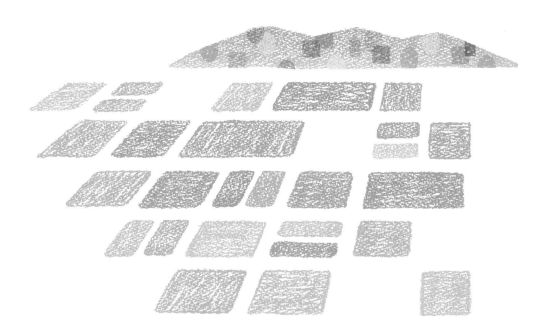

2.1 | 農地の相続で発生する税金

　農地所有者に相続が発生した場合、亡くなられた方の所得税や相続税の申告が必要となります。また、農地の名義変更には、登録免許税がかかります。

　農地を相続する際に発生する税金を、時系列でまとめました。

【時系列でまとめた相続後の税金】

| 相続が発生してから4か月以内 | → | 亡くなられた方の所得税の申告 |

　亡くなられた方（被相続人といいます）のその年1月1日から亡くなられた日（相続開始日といいます）までの期間に発生した所得について、原則として相続人が、亡くなられた日から4か月以内に、亡くなられた方の住所地の税務署に所得税の申告書を提出します。

　所得税を納めなければいけない場合は、4か月以内に納税も済ませますが、還付になる場合は、4か月の期限を遅れて提出することもできます。

　この申告を所得税の準確定申告といいます。

| 相続が発生してから10か月以内 | → | 亡くなられた方の相続税の申告 |

　相続税とは、被相続人の財産の総額から債務の総額を差し引いた純財産が、基礎控除額を超えるときに発生する税金です。

　この相続税は、相続開始日から10か月以内に申告書の提出と納税を済ませなければなりません。

| 被相続人の不動産の取得者が決まったら速やかに | → | 名義変更と登録免許税の納付 |

　被相続人の不動産を取得する方が決まったことを証明する書類は、大きく遺産分

割協議書、遺言書、死因贈与契約書の3種類があります。

　これらの書類を基に、被相続人の名義から取得する方の名義に変更することを相続登記といい、法務局で手続を行います。

　その手続の際に、登録免許税を法務局に納付します。

〈登録免許税の計算方法〉

　被相続人から不動産の名義を変更する場合に必要な登録免許税は、次の算式で計算します。

○相続による移転登記

　固定資産税評価額×0.4%

○遺贈、贈与その他無償による移転登記

　固定資産税評価額×2.0%

名義変更の完了	→	不動産取得税の納付

　不動産の名義変更が完了すると、通常は不動産取得税の納付書が都道府県税事務所から送られてきます。

　しかし、相続による名義変更は、原則として不動産取得税は非課税のため、納付書は送られてきません。例外的に、下記のケースでは、被相続人からの名義変更で不動産取得税が発生します。

○相続人以外の方が取得した場合

○死因贈与契約で取得した場合

〈不動産取得税の計算方法〉

　不動産を取得した方に課税される不動産取得税は、下記の算式で計算します。

　なお、相続人が相続により不動産を取得した場合は、非課税です。

○土地

　$$\text{固定資産税評価額} \times \frac{1}{2} \times 3\%$$

○建物

　固定資産税評価額×3%（住宅以外は4%）

2.2 所得税の準確定申告

(1) 申告期限

　所得税の準確定申告書の提出期限は、被相続人に確定申告義務がある場合は、相続開始日の翌日から4か月以内となり、被相続人の納税地の税務署長に提出します。

　なお、還付申告書を提出できる場合は、期限の定めはありませんが、5年間行使しないと時効になり還付を受けることができなくなってしまいます。

【申告期限の具体例】

① 前年中に相続が開始した場合

② 本年の3月15日までに相続が開始した場合

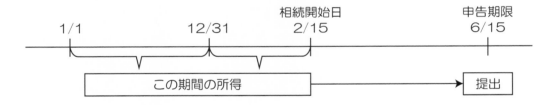

(2) 申告書を提出する人

　相続人と包括受遺者が準確定申告書を提出し、それぞれの相続分に応じて納税します。

①法定相続人と法定相続分

　法定相続人とは、被相続人から財産を引き継ぐ権利のある人をいい、民法で定められています。配偶者は常に相続人となりますが、血族相続人は、下記のように順位が定められています。

順位	血族相続人
第1順位	子、孫（子が亡くなっている場合）・・・
第2順位	父母、祖父祖母（父母がいない場合）
第3順位	兄弟姉妹、甥姪（兄弟姉妹が亡くなっている場合）

　たとえば、被相続人に子がいる場合は、「配偶者と子」、子がいない場合は、「配偶者と父母」、父母もいない場合は、「配偶者と兄弟姉妹」が相続人となります。なお、婚姻関係のない方は、相続人に該当しませんので、ご注意ください。

　誰が相続人に該当するかは、被相続人の生まれてから亡くなるまでの戸籍と相続人の戸籍を収集して確定します。

　法定相続分とは、各相続人が相続できる民法で定められている割合をいいますが、実際の遺産分割協議では、各相続人の合意があれば法定相続分どおりに分割する必要はありません。

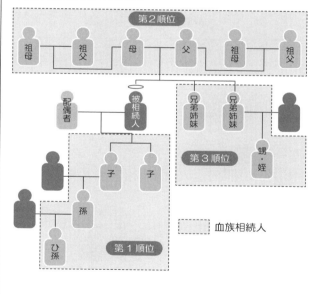

●法定相続分（配偶者がいる場合）
配偶者は常に相続人。そのほか血族相続人がいるときは法定相続分に従う。

●法定相続人とその順位

②包括受遺者

　包括遺贈とは、財産の全部又は一部を割合で遺贈する方法です。

　この包括遺贈により財産を取得する者を「包括受遺者」といい、相続人と同一の権利・義務を有します。

　このため、相続人がいる場合は、相続人と包括受遺者が遺産分割協議により財産と債務の承継者を決めることになります。

⑶　事業を承継した相続人の青色申告承認申請の期限

　被相続人が青色申告をしていたかどうか、相続人が事業を営んでいたかどうかにより、申請の期限が異なります。

①被相続人が青色申告をしていなかった場合

　相続人が以前より事業を営んでいた場合は、相続開始の年の3月15日までに青色申告承認申請書を提出すれば、その年から青色申告を適用できます。

●相続開始日が3月15日以前の場合

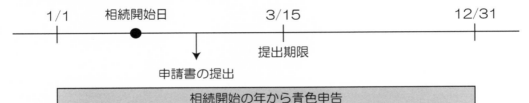

●相続開始日が3月16日以後の場合

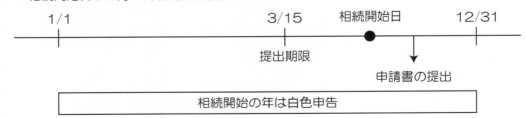

相続人が以前より事業を営んでいなかった場合は、相続開始の日（事業開始の日）から2か月以内に青色申告承認申請書を提出すれば、その年から青色申告を適用できます。

● 相続開始日が1月15日以前の場合

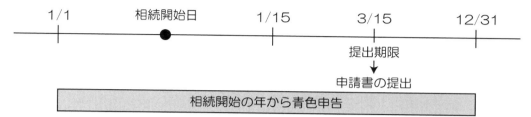

● 相続開始日が1月16日以後の場合

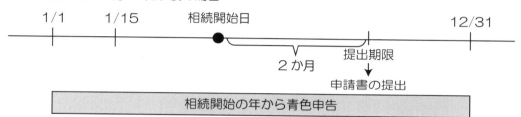

②被相続人が青色申告をしていた場合

相続人が以前より事業を営んでいた場合は、上記①と同様に相続開始の年の3月15日までに青色申告承認申請書を提出すれば、その年から青色申告を適用できます。

相続人が以前より事業を営んでいなかった場合は、相続開始日により、申請書の提出期限が異なります。

● 1月1日から8月31日までの間に相続が開始した場合
　相続開始日から4か月以内に提出します。

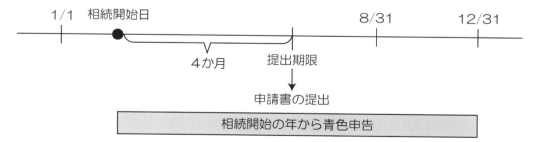

● 9月1日から 10月31日までの間に相続が開始した場合
　相続開始年の 12月31日までに提出します。

● 11月1日から 12月31日までの間に相続が開始した場合
　相続開始年の翌年 2月15日までに提出します。

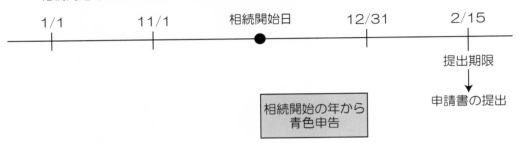

2.3 相続税の申告

　相続税は、相続又は遺贈で財産を取得した方が、相続開始の日から10か月以内に、被相続人の住所地の税務署長に申告し、相続税の申告書の提出期限までに、納税しなければなりません。

　相続税は、まず、下記のステップで相続税の課税対象を計算します。

被相続人の財産の確定と評価	→	贈与財産の確認	→	債務・葬式費用の確定

　次に、下記のステップで納税額を計算します。

基礎控除額の算定	→	相続税の計算	→	税額控除の確認

⑴　被相続人の財産の確定と評価

　相続税の課税対象となる財産には、「本来の財産」と「みなし相続財産」の2種類があり、まず、被相続人の財産の棚卸しを行い、次に財産の評価により数値におきかえていきます。

①被相続人の財産の確定

ア）本来の財産

　本来の財産とは、民法上の財産をいい、土地、家屋、現金、預貯金、有価証券、ゴルフ会員権、貴金属、書画、骨董等をいいます。

　なお、お墓、仏壇、位牌など祭祀に関する財産は、相続税の非課税財産となりますので、課税対象外となります。

　被相続人がご自身の財産の所在を相続人に伝えていればわかりやすいですが、そうではない場合、被相続人の財産の把握は難しくなります。

　パソコン上で取引をしているケース（パスワードが不明で）、家族に話していないケースは、特に困難です。

　また、ご自身の個人情報を大切な方へ伝える仕組みとして、「情報の貸金庫サービス」というアプリがあり、高齢者の方々の個人情報を保管し、大切な方と情報を

共有できる取組みが進められています。

　この「情報の貸金庫サービス」を活用できると、ご自身の相続人や関係者は、財産の所在を確実に伝えることも可能になります（69ページのコラム参照）。

PC上での管理	情報なし
ネットバンキング、ネット証券 ビットコインなど	借入金、保証 スマホアプリの月払い契約など

　被相続人の財産の把握には、郵便物が財産の発見のポイントになりますので、届いた郵便物は、相続手続が終わるまで、保管しておくことをおすすめします。

![郵便物と相続発生後・相続発生前一年以内・相続発生前一年超の箱のイラスト]

イ）みなし相続財産

　みなし相続財産とは、本来は被相続人の財産ではありませんが、相続税を計算する上で、相続財産とみなすものをいい、相続をきっかけとして受け取る財産をいいます。

　主なみなし相続財産として、被相続人が保険料を負担していた「死亡保険金」や「死亡退職金」があります。

　それぞれ、相続税が非課税となる枠があり、「500万円×法定相続人の数」までは相続税の対象となりません。たとえば、死亡保険金が2,000万円で、法定相続人が配偶者と長男、長女の合計3人の場合、2,000万円から1,500万円を差し引いた500万円に対し相続税がかかります。

②財産の評価

ア）土地の評価

　土地の評価は、「路線価」が設定されている地域と「倍率地域」として設定され

ている地域に区分され、計算方法が異なります。

「路線価」とは、道路沿いの整形な宅地の価格で、1㎡あたりの評価額が千円単位で表示されています。

路線価地域では、評価対象地が整形地と比較して地形の劣る場合は、路線価に各種補正率を適用して修正した単価に地積を乗じて計算します。

倍率地域では、固定資産税評価額に倍率を乗じて計算します。

農地の評価は、第3章を参照してください。

また、「小規模宅地等の減額特例」という評価減の特例を適用できる場合があります。詳細は、第5章を参照してください。

イ）家屋の評価

家屋は、「固定資産税評価額」を基礎として評価します。

ウ）預貯金、有価証券など

預貯金、有価証券などは、原則として相続開始日現在の時価で評価します。

⑵　贈与財産の確認

相続や遺贈で相続財産を取得した方が、「相続開始前3年以内」に被相続人から贈与を受けていた場合は、その贈与財産を相続財産に加算しなければなりません。

この贈与財産には、毎年の贈与税の非課税枠である110万円以下のものも含まれます。

なお、「住宅取得資金の贈与の特例」や「贈与税の配偶者控除」を適用した贈与財産は対象外です。

また、「相続時精算課税制度」を適用した贈与財産は、「相続開始前3年以内」かどうかを問わず、常に相続財産に加算しなければなりません。

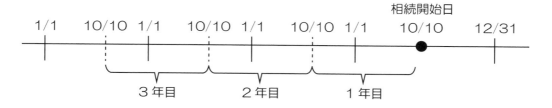

⑶　債務・葬式費用の確定

　相続税の課税対象財産から差し引くことができるマイナス財産には、「借入金」、「保証」、「未払金」、「葬式費用」の4つがあります。

①借入金

　被相続人の相続開始日現在の借入金、ローンが相続の対象となり、相続財産を放棄しない場合は、借入金などの返済義務も負うことになります。

②保証

　被相続人が、会社や友人などの保証人になっている場合は、その義務も相続の対象となります。

　相続税の計算の上では、相続開始日で既に保証人として支払わざるをえない状況にあり、かつ、主たる債務者に請求しても弁済の見込みのないときは、債務と同様の取扱いとすることができます。

③未払金

　相続開始日現在で未払いの固定資産税や所得税などの税金、医療費、入院費などは、相続人に支払い義務があります。

④葬式費用

　葬式費用は、被相続人の債務ではありませんが、相続税の計算上では、債務と同様に、被相続人の財産から差し引くことができます。

　葬式費用として差し引くことのできるものは、通夜、葬式前後にかかる諸費用としてお寺や葬儀社への支払い、埋葬費、火葬費などです。

　49日など法事や香典返しは、葬式費用の対象外となります。

⑷　相続税の課税対象の計算

　相続税の課税対象である相続財産は、「被相続人の財産」に「みなし相続財産」と「贈与財産」を加算し、「債務・葬式費用」を控除して計算します。

【相続財産】

⑸ 基礎控除額の算定

　「相続税の基礎控除」とは、相続税の申告が必要かどうかの判定と相続税を納める必要があるかどうかの判定に使用します。

　およその目安として、亡くなられた人のうち相続税の申告の必要な方は全体の10.7％（100人のうち11人）、相続税を納める必要のある方は8.3％（100人のうち8人）です。

【申告の要・不要のイメージ】

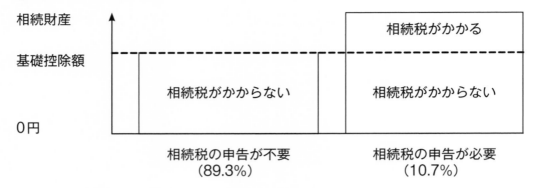

この相続税の基礎控除は、法定相続人の数で決まり、「3,000万円＋600万円×法定相続人の数」で計算します。

【基礎控除額】

法定相続人の数	算式	基礎控除額
0人	3,000万円 ＋（600万円× 0人）	3,000万円
1人	3,000万円 ＋（600万円× 1人）	3,600万円
2人	3,000万円 ＋（600万円× 2人）	4,200万円
3人	3,000万円 ＋（600万円× 3人）	4,800万円
4人	3,000万円 ＋（600万円× 4人）	5,400万円

相続財産がこの基礎控除額を超える場合に、相続税の申告が必要になりますが、たとえば相続財産が8,000万円で、法定相続人が配偶者と長男、長女の合計3人の場合、8,000万円から4,800万円を差し引いた3,200万円に対し相続税がかかります。

【相続税がかかる・かからないのイメージ】

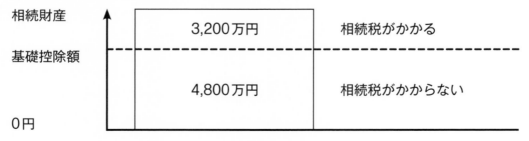

相続税の申告が必要になった場合は、相続開始の日から10か月以内に被相続人の住所地の税務署に、相続税の申告書を提出し、納税を済ませる必要があります。

⑹ 相続税の計算

相続税の考え方は、「個別の財産ごとにいくら」ではなく、「相続財産の総額に対していくら」なのかで決まります。

相続税の税率は、10%から55%の8段階の累進税率になっています。

【相続税の税率表】

各相続人が取得する金額		税率	控除額
	1,000万円以下	10%	―
1,000万円超	3,000万円以下	15%	50万円
3,000万円超	5,000万円以下	20%	200万円
5,000万円超	1億円以下	30%	700万円
1億円超	2億円以下	40%	1,700万円
2億円超	3億円以下	45%	2,700万円
3億円超	6億円以下	50%	4,200万円
6億円超		55%	7,200万円

相続財産を法定相続分で分けた仮定で、その取得財産に基づき上記の税率表から税率を決めていきます。

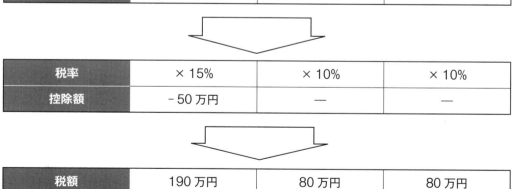

	配偶者	長男	長女
法定相続分	1/2	1/4	1/4
仮定の取得財産	1,600万円	800万円	800万円

税率	×15%	×10%	×10%
控除額	−50万円	―	―

税額	190万円	80万円	80万円

相続税の総額350万円

この相続税の総額を、実際に相続した財産の割合に応じて、各々の相続税を決めていきます。

実際の取得財産	4,800万円	1,600万円	1,600万円
割合	60%	20%	20%
各々の相続税	210万円	70万円	70万円

⑺ 税額控除の確認

各々の相続人の相続税が決まったら、適用できる税額控除を確認していきます。

【主な税額控除】

名称	適用可能な人	内容
贈与税額控除	相続開始前3年以内の贈与財産について贈与税を納めている人	被相続人からの贈与に対応する贈与税を控除
配偶者の税額軽減	戸籍上の配偶者	1億6,000万円又は配偶者の法定相続分相当の取得財産のどちらか高い方に対する相続税を控除
未成年者控除	未成年の法定相続人	10万円×（成年になるまでの年数）を控除
障害者控除	障害者の法定相続人	10万円※×（85歳になるまでの年数）を控除 ※特別障害者は20万円
相次相続控除	被相続人が10年以内に相続税を払っている場合	前回払った相続税の一部を控除

上記の税額控除を適用できれば、納税が不要なこともあります。

	配偶者	長男	長女
各々の相続税	210万円	70万円	70万円
配偶者の税額軽減	210万円		
納付する相続税	0	70万円	70万円

※配偶者の取得財産が4,800万円（1億6,000万円以下）のため、相続税がかかりません。

金融機関の新たな取組み「情報の貸金庫」

城南信用金庫 名誉顧問
城南総合研究所 名誉顧問　　吉原　毅

　金融機関は、お客様の大切な預金をお預かりするとともに、お客様にとって大切な個人情報をお預かりし、それをもとにお客様のお役に立てる様々なご提案やサービスをご提供しています。超高齢社会を迎え、金融機関としては、高齢者の方々の個人情報を安全に保管するとともに、それを活用した新たなサービスを提供することが求められています。

　こうした中で、東洋システム開発株式会社が開発したのが「情報の貸金庫サービス」です。

　従来、金融機関は、お客様の大切な書類等を預かるために貸金庫を提供してきました。それに対して、この「情報の貸金庫サービス」は、金融機関が責任を持って、各種のIDやパスワード・画像・動画・音声など、お客様の大切な情報をお預かりし、紛失や漏洩、改ざんを防ぐとともに、家族の方々と共有し、安心できる将来のために生かしていくことを目的としています。

画像・動画・音声データ　クラウドに保存

PC・スマホ タブレットで いつでも登録

強固なセキュリティ対策で
お客様の情報は安全・安心！

クラウドに保存｜ブロックチェーン技術｜伝えたい人だけに情報開示｜認証機能｜本人確認必須

　本サービスの特徴としては、まず第1に情報を暗号化し、さらにブロックチェーン認証機能を用いていること。通常、携帯電話やPCなどの機器内、またはクラウドサービスに情報を補完するサービスにおいて、こうしたセキュリティ対策について万全を期しているケースは少ないと思いますが、本サービスは、最新のブロックチェーン認証機能を用いてデータ改ざんを防いでいます。

　特徴の第2は携帯電話などのモバ

**画像・動画・音声データも
保存できるから安心！**

**スマホが故障しても
クラウドだからデータは安心！**

イル端末でいつでもどこでも簡単に情報を記録できることです。アプリのスタートは、QRコードを携帯電話でよみとるだけ。あとは画面に表示された選択肢を選ぶだけで、簡単に操作ができます。

　特徴の第3は配偶者や子どもや孫など、信頼できる家族と情報共有ができることです。登録された情報は、あらかじめ定めた家族も参照できるため、ご自分が操作できなくなった場合にも、本人に代わってアクセスできるため、情報が紛失することがありません。高齢者が出先で突発的な病気や事故にあい、意識を失うなど万一の際の連絡先や医薬品などの対処方法を周囲に伝えることもできます。思い出のある貴重な音声や画像、最後に伝えたい大切なメッセージなどを、伝えたい家族だけに間違いなく伝えることができます。また家族の方々も本人宛のメッセージを書き込むことができるため、家族間の心温まるコミュニケーションの記録ができ上がります。

　特徴の第4は金融界初の高齢者福祉のための団体である一般社団法人しんきん成年後見サポートが監修していることです。同法人は東京都品川区に支店のある、さわやか信用金庫、芝信用金庫、湘南信用金庫、目黒信用金庫、城南信用金庫の5つの信用金庫が共同で設立した社会福祉団体ですが、成年後見、家族信託、公正証書遺言などの分野で豊富な経験と実績をもっています。同法人のアドバイスと監修を受けて、東洋システム開発株式会社が最先端の情報技術を活用して、この情報の貸金庫サービスが開発されました。

　今、金融界では、情報の保管を行う「情報バンク」に注目していますが、この情報の貸金庫サービスは、今後各金融機関から提供されていくことが予想され、高齢者向け情報サービスの充実を進める金融界の動きに先鞭をつけるものとして注目されそうです。

農地の相続税評価額の
計算方法

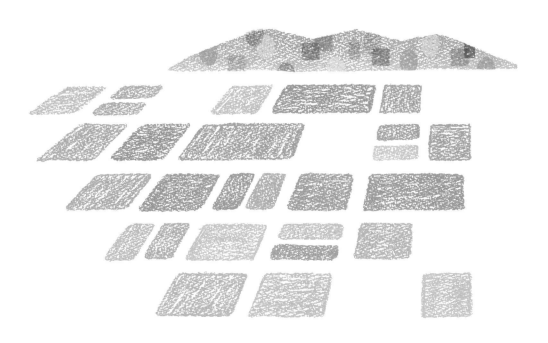

3.1 農地の評価方法

　農地は、相続税の財産評価通達上、純農地、中間農地、市街地周辺農地、市街地農地の4つに分類されます。

　農地は、農地法、農業振興地域の整備に関する法律、都市計画法と、それぞれの法律上で分類されており、これらの法律と相続税の財産評価通達上の分類の関係は、下記のとおりになります。

財産評価基本通達	農地法	農業振興地域の整備に関する法律	都市計画法
純農地	農用地区域内の農地 甲種農地 第一種農地	農業振興地域内の農地のうち農用地区域内の農地	市街化調整区域内の農地のうち 甲種農地
中間農地	第二種農地		市街化調整区域内の農地のうち 第二種農地
市街地周辺農地	第三種農地		市街化調整区域内の農地のうち 第三種農地
市街地農地	転用許可済農地		市街化区域内の農地

※農地に関する情報を調べるには、「全国農地ナビ（農地情報公開システム）」が便利です。

⑴ 純農地、中間農地の評価

　純農地及び中間農地の評価は、固定資産税評価額に倍率を乗じて計算します。

> **算 式**　固定資産税評価額　×　倍率

倍　率　表

音順	町（丁目）又は大字名	適用地域名	借地権割合	固定資産税評価額に乗ずる倍率等						
				宅地	田	畑	山林	原野	牧場	池沼
			％	倍	倍	倍	倍	倍	倍	倍
お		全域					純 1.2	純 1.2		
		都道沿いの地域	30	1.1		中 12	純 1.4	純 1.4		
		上記以外の地域	30	1.1		純 8.8	純 1.4	純 1.4		

⑵ 市街地農地の評価

市街地農地の評価は、宅地比準方式により評価します。

宅地比準方式とは、その農地が宅地であるものとして評価した1㎡あたりの金額から造成費を控除して計算します。

※宅地比準方式により評価する場合、「全国地価マップ（一般財団法人資産評価システム研究センター）」で標準宅地の評価額を調べることができます。

> **算 式** （農地が宅地であるものとして評価した金額－造成費）× 地積

宅地造成費には、平坦地の造成費と傾斜地の造成費の2種類があります。

なお、以下は令和2年分の東京都の造成費を掲載しています。

【平坦地の宅地造成費】

工事費用		造成区分	金額
整地費	整地費	整地を必要とする面積1㎡あたり	700 円
	伐採・抜根費	伐採・抜根を必要とする面積1㎡あたり	1,000 円
	地盤改良費	地盤改良を必要とする面積1㎡あたり	1,800 円
土盛費		他から土砂を搬入して土盛りを必要とする場合の土盛り体積1㎡あたり	6,900 円
土止費		土止めを必要とする場合の擁壁の面積1㎡あたり	70,300 円

【傾斜地の宅地造成費】

傾斜度	金額
3 度以下	平坦地の造成費を適用
3 度超 5 度以下	18,600 円 /㎡
5 度超 10 度以下	22,800 円 /㎡
10 度超 15 度以下	34,900 円 /㎡
15 度超 20 度以下	49,500 円 /㎡
20 度超 25 度以下	54,700 円 /㎡
25 度超 30 度以下	57,900 円 /㎡

⑶　生産緑地の評価

　生産緑地には、建築物の新築、宅地造成等を行う場合には、制限がありますが、下記のような事由が発生したときは、市区町村に「買取りの申出」をすることにより生産緑地の制限を解除することができます。

①生産緑地指定の告示の日から30年（特定生産緑地の場合は10年）を経過したとき

②主たる従事者が死亡した場合

③主たる従事者が農業に従事することが不可能な故障を生じたとき

　生産緑地の評価は、生産緑地でないものとして評価した価額から、生産緑地の「買取りの申出」をすることができるまでの期間に応じ、下記の算式で計算します。

> **算式**　　生産緑地でないものとして評価した価額 ×（1 ― 下記の割合）

課税時期から買取りの申出をすることができるまでの期間	割合
課税時期に買取りの申出ができる場合	5%
5 年以下	10%
5 年超 10 年以下	15%
10 年超 15 年以下	20%
15 年超 20 年以下	25%
20 年超 25 年以下	30%
25 年超 30 年以下	35%

　なお、被相続人が生産緑地の主たる従事者の場合は、課税時期に買取りの申出ができる生産緑地に該当します。

> **算式**　　生産緑地でないものとして評価した価額×（1－5%）

3.2 || 地積規模の大きな宅地の評価

地積規模の大きな宅地とは、地積が三大都市圏では500㎡以上、三大都市圏以外の地域では1,000㎡以上の地積の宅地をいいます。

■ 地積規模の大きな宅地の評価の計算方法

⑴ 路線価地域の場合

普通商業・併用住宅地区及び普通住宅地区に所在する「地積規模の大きな宅地」については、正面路線価を基に、その形状・奥行距離に応じて評価通達15《奥行価格補正》から20《不整形地の評価》までの定めにより計算した価額に、その宅地の地積に応じた「規模格差補正率」を乗じて計算した価額によって評価します。

算式

地積規模の大きな宅地（一方のみが路線に接するケース）の相続税評価額
＝正面路線価×奥行価格補正率×地積×不整形補正率などの各種画地補正率
×規模格差補正率

⑵ 規模格差補正率

規模格差補正率は次の算式により計算します（小数点以下第2位未満切捨）

算式 $規模格差補正率＝\dfrac{A \times B \times C}{地積規模の大きな宅地の地積（A）} \times 0.8$

A＝地積規模の大きな宅地の地積

B、Cは次のとおりです。

①三大都市圏に所在する場合

地積	B	C
500㎡以上1,000㎡未満	0.95	25
1,000㎡以上3,000㎡未満	0.90	75
3,000㎡以上5,000㎡未満	0.85	225
5,000㎡以上	0.80	475

②三大都市圏以外の地域に所在する場合

地積	B	C
1,000㎡以上3000㎡未満	0.90	100
3,000㎡以上5000㎡未満	0.85	250
5,000㎡以上	0.80	500

⑶ 「地積規模の大きな宅地の評価」を適用できる場合

　地積規模の大きな宅地の評価を適用できるかどうかは、78ページのフローチャートで判定します。

　なお、路線価地域の場合は、普通商業・併用住宅地区及び普通住宅地区に所在する宅地が、「地積規模の大きな宅地の評価」を適用します。

　※ 三大都市圏とは、次の地域をいいます。

（参考1）三大都市圏に該当する都市（平成28年4月1日現在）

圏　名	都府県名		都　市　名
首都圏	東京都	全域	特別区、武蔵野市、八王子市、立川市、三鷹市、青梅市、府中市、昭島市、調布市、町田市、小金井市、小平市、日野市、東村山市、国分寺市、国立市、福生市、狛江市、東大和市、清瀬市、東久留米市、武蔵村山市、多摩市、稲城市、羽村市、あきる野市、西東京市、瑞穂町、日の出町
	埼玉県	全域	さいたま市、川越市、川口市、行田市、所沢市、加須市、東松山市、春日部市、狭山市、羽生市、鴻巣市、上尾市、草加市、越谷市、蕨市、戸田市、入間市、朝霞市、志木市、和光市、新座市、桶川市、久喜市、北本市、八潮市、富士見市、三郷市、蓮田市、坂戸市、幸手市、鶴ケ島市、日高市、吉川市、ふじみ野市、白岡市、伊奈町、三芳町、毛呂山町、越生町、滑川町、嵐山町、川島町、吉見町、鳩山町、宮代町、杉戸町、松伏町
		一部	熊谷市、飯能市
	千葉県	全域	千葉市、市川市、船橋市、松戸市、野田市、佐倉市、習志野市、柏市、流山市、八千代市、我孫子市、鎌ケ谷市、浦安市、四街道市、印西市、白井市、富里市、酒々井町、栄町
		一部	木更津市、成田市、市原市、君津市、富津市、袖ケ浦市
	神奈川県	全域	横浜市、川崎市、横須賀市、平塚市、鎌倉市、藤沢市、小田原市、茅ケ崎市、逗子市、三浦市、秦野市、厚木市、大和市、伊勢原市、海老名市、座間市、南足柄市、綾瀬市、葉山町、寒川町、大磯町、二宮町、中井町、大井町、松田町、開成町、愛川町
		一部	相模原市
	茨城県	全域	龍ケ崎市、取手市、牛久市、守谷市、坂東市、つくばみらい市、五霞町、境町、利根町
		一部	常総市
近畿圏	京都府	全域	亀岡市、向日市、八幡市、京田辺市、木津川市、久御山町、井手町、精華町
		一部	京都市、宇治市、城陽市、長岡京市、南丹市、大山崎町
	大阪府	全域	大阪市、堺市、豊中市、吹田市、泉大津市、守口市、富田林市、寝屋川市、松原市、門真市、摂津市、高石市、藤井寺市、大阪狭山市、忠岡町、田尻町
		一部	岸和田市、池田市、高槻市、貝塚市、枚方市、茨木市、八尾市、泉佐野市、河内長野市、大東市、和泉市、箕面市、柏原市、羽曳野市、東大阪市、泉南市、四條畷市、交野市、阪南市、島本町、豊能町、能勢町、熊取町、岬町、太子町、河南町、千早赤阪村
	兵庫県	全域	尼崎市、伊丹市
		一部	神戸市、西宮市、芦屋市、宝塚市、川西市、三田市、猪名川町
	奈良県	全域	大和高田市、安堵町、川西町、三宅町、田原本町、上牧町、王寺町、広陵町、河合町、大淀町
		一部	奈良市、大和郡山市、天理市、橿原市、桜井市、五條市、御所市、生駒市、香芝市、葛城市、宇陀市、平群町、三郷町、斑鳩町、高取町、明日香村、吉野町、下市町
中部圏	愛知県	全域	名古屋市、一宮市、瀬戸市、半田市、春日井市、津島市、碧南市、刈谷市、安城市、西尾市、犬山市、常滑市、江南市、小牧市、稲沢市、東海市、大府市、知多市、知立市、尾張旭市、高浜市、岩倉市、豊明市、日進市、愛西市、清須市、北名古屋市、弥富市、みよし市、あま市、長久手市、東郷町、豊山町、大口町、扶桑町、大治町、蟹江町、阿久比町、東浦町、南知多町、美浜町、武豊町、幸田町、飛島村
		一部	岡崎市、豊田市
	三重県	全域	四日市市、桑名市、木曽岬町、東員町、朝日町、川越町
		一部	いなべ市

（注）「一部」の欄に表示されている市町村は、その行政区域の一部が区域指定されているものです。評価対象となる宅地等が指定された区域内に所在するか否かは、各市町村又は府県の窓口でご確認ください。

(参考2)「地積規模の大きな宅地の評価」の適用対象の判定のためのフローチャート

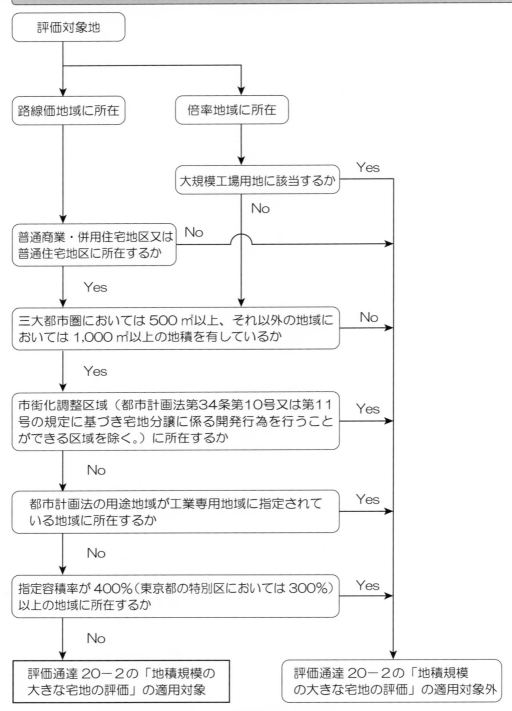

（国税庁パンフレット「地積規模の大きな宅地の評価」が新設されました」より）

　　　　　　　　　　　　　　第3章　農地の相続税評価額の計算方法

フローチャートで判定していくと、地積規模の大きな宅地の評価に該当しない
ケースは、下記のとおりです。

・市街化調整区域内に所在する場合（都市計画法34条10号又は11号による（4条
　12項に規定する）開発行為を行うことができる場合は、地積規模の大きな宅地
　に該当します）

・都市計画法による用途地域が工業専用地域に所在する場合

・指定容積率が400％（東京都の特別区の場合は300％）以上の地域に所在する場合

・財産評価基本通達上大規模工場用地に所在する場合

⑷　「地積規模の大きな宅地の評価」を適用する場合の注意点

　「地積規模の大きな宅地の評価」を適用する上で、注意の必要な判定は、下記の
とおりです。

Q	A
土地が共有の場合の地積の判定	共有持分で按分する前の地積で判定します。
工業専用地域とそれ以外の用途地域に所在する場合の判定	過半数を占める用途地域で判定します。
指定容積率（都市計画法）が2以上の異なる地域に所在する場合	指定容積率ごとに加重平均した容積率で判定します。 例）東京都特別区所在 　　300％の地域　　100㎡ 　　200％の地域　　100㎡ $$\frac{300\% \times 100㎡ + 200\% \times 100㎡}{100㎡ + 100㎡} = 250\%$$ 250％＜300％ ∴地積規模の大きな宅地の評価付表
基準容積率（建築基準法）が指定容積率を下回る場合の容積率の判定	都市計画法による指定容積率で判定します。
正面路線が2以上の地区にわたる場合の地区区分の判定	過半数を占める地区で判定します。

3.3 | 旧広大地評価との相違

　「地積規模の大きな宅地の評価」は、平成30年以後の相続開始より適用されていますが、それまでは「広大地の評価」が適用されていました。

　広大地とは、その地域の標準的な宅地の地積に比して著しく地積が広大な宅地で、都市計画法に規定する開発行為を行うとした場合に、公共公益的施設用地の負担が必要な宅地をいいます。

⑴　評価方法

　広大地の評価は、下記の算式で計算します。

■ 広大地評価の計算方法

　地積が5,000㎡以上の場合は、原則として個別評価になりますが、広大地補正率の下限である0.35を適用することもできます。

（注）　評価通達15（奥行価格補正）から20−5（容積率の異なる2以上の地域にわたる宅地の評価）までの補正率に代えて適用します。

正面路線価×広大地補正率×地積

↓

算式

$$0.6 - 0.05 \times \frac{地積}{1,000㎡}$$ （端数処理なし）

参考　平成15年12月31日までの広大地の算式

　奥行価格補正率に代えて次の算式で計算した数値を、正面、側方、裏面の各路線価に乗じて画地計算をします。

$$\frac{広大地の地積 − 公共公益的施設用地となる部分の地積}{広大地の地積}$$
（小数点以下第2位未満四捨五入）

　路線価に上記の割合を乗じた後の評価額に、間口狭小補正率、奥行長大補正率、不整形地補正率等の調整計算をして最終的な評価額を計算します。

⑵ 広大地評価を適用できる場合

広大地の評価を適用できるかどうかは、下記のフローチャートで判定します。

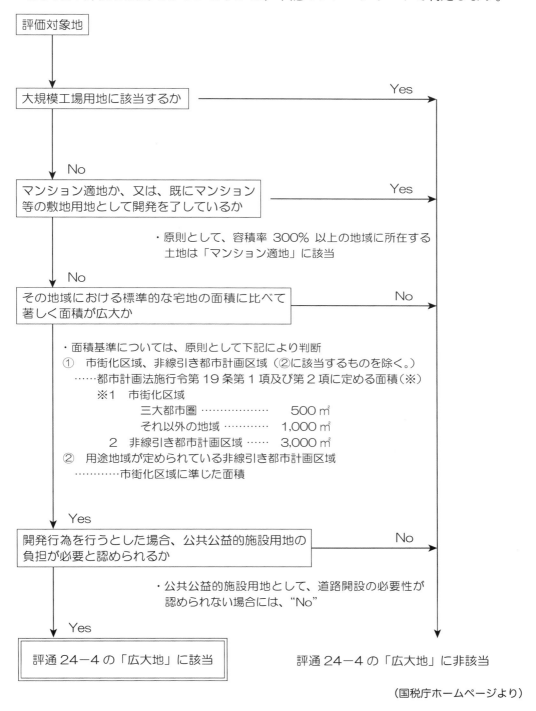

（国税庁ホームページより）

⑶ 広大地評価と地積規模の大きな宅地の評価との相違点

　広大地評価と地積規模の大きな宅地の評価を適用する上での要件の違いは、下記のとおりです。

	広大地の評価	地積規模の大きな宅地の評価
①	マンション適地やマンション等の敷地は非該当	マンションの敷地であっても、他の要件を満たせば該当
②	開発行為を行う場合に敷地内に開発道路（公共公益的施設用地）が不要であれば非該当	開発行為を行う場合に敷地内に開発道路（公共公益的施設用地）が不要であっても該当

①マンション適地などかどうかの判定

　既にマンション、ビル等の敷地や、大規模店舗、ファミリーレストランなどとして現に宅地として有効に利用されている建築物の敷地等は、広大地に該当しません。

　郊外の幹線道路沿いに所在する大規模店舗やファミリーレストランは、近隣にも同様に使用されていることが多く、標準的な仕様と考えられるため、そのような地域に所在する敷地等は、広大地の適用はありません。

　一方で、戸建て住宅が連たんする住宅街に所在する大規模店舗、ファミリーレストラン、ゴルフ練習場等は、その地域の標準的な使用（標準的な使用は戸建て）とはいえないため、広大地に該当すると考えられます。

　広大地の評価を適用する上では、上記のような判断が必要でしたが、地積規模の大きな宅地の評価では、不要となります。

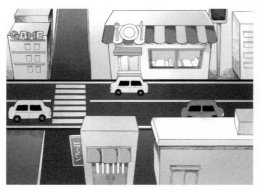

ロードサイドにファミリーレストランがあるケース

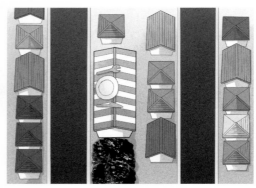

住宅街にファミリーレストランがあるケース

②公共公益的施設の要否の判定

　広大地の評価は、評価対象地を戸建分譲用地として開発した場合に、相当な規模の公共公益的施設用地の負担が発生することを前提としています。

　このため、公共公益的施設用地の負担がほとんど生じないと認められる土地については、適用がありません。

　公共公益的施設用地の負担の必要性は、経済的に最も合理的に戸建分譲による開発を行った場合で判断します。

┌───┐
【公共公益的施設用地の負担がほとんど生じないケース】
・路地状開発が合理的な場合
・評価対象地に公共公益的施設用地が必要だが、既存道路の拡幅ですむ場合
・評価対象地が二方、三方、四方の道路に面しているため道路の開設が不要な
　場合
└───┘

　なお、地積規模の大きな宅地の評価では、公共公益的施設用地の必要性は、適用する上での要件ではありません。

広大地を適用できる場合

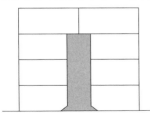

広大地を適用できない場合

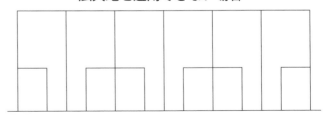

参考　旧広大地評価の適用が漏れていた場合

　旧広大地評価は、相続開始が平成29年までは適用可能です。旧広大地評価の適用が漏れていた場合は、相続税の申告期限から5年以内に「更正の請求」の手続をすれば、相続税の還付を受けることができる場合があります。

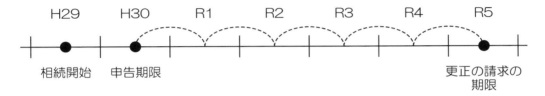

3.4 納税猶予の適用を受ける場合の農業投資価格による評価

　農業投資価格とは、農地等が恒久的に農業の用に供されるとした場合に、通常成立すると認められる取引価格をいいます。

　農業投資価格による評価額は、農地等の相続税（贈与税）の納税猶予制度の適用を受ける場合に使用します。

算式

$$\frac{農業投資価格 \times 地積}{1,000㎡}$$

　三大都市圏の令和2年分の10アール（1,000㎡）あたりの農業投資価格は、下記のとおりです。

（単位：千円）

	都道府県名	田	畑	採草放牧地
首都圏	茨城県	705	625	—
	埼玉県	840	790	—
	東京都	900	840	510
	千葉県	740	730	490
	神奈川県	830	800	510
中部圏	愛知県	850	640	—
	三重県	720	520	—
近畿圏	京都府	700	450	—
	大阪府	820	570	—
	兵庫県	770	500	—
	奈良県	720	460	—

第4章

農地等の相続税の
納税猶予制度

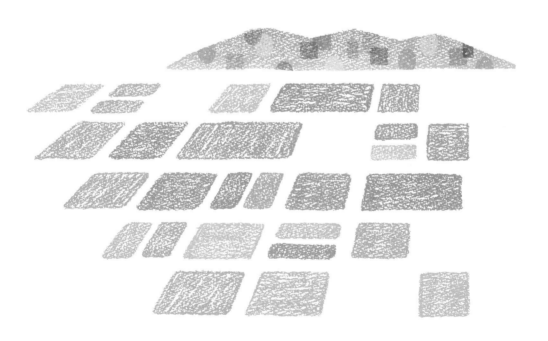

4.1 | 農地等の相続税の納税猶予制度の概要

　「農地等の相続税の納税猶予」とは、農業を営んでいた被相続人の農業相続人が、被相続人から相続により農業の用に供されていた農地等を取得し、農業経営を継続した場合には、相続税の申告書を申告期限内に提出することにより、納付すべき相続税のうち、農地等に対応する相続税の納税を猶予される制度です。

【納税額のイメージ】

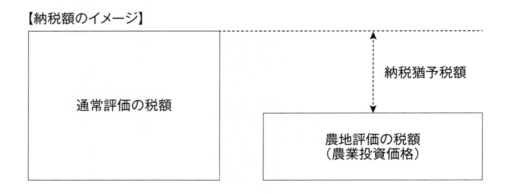

　なお、相続税の納税猶予の期限は、三大都市圏の生産緑地については、平成4年1月1日以後の相続開始の場合は、農業相続人の死亡の日、平成3年12月31日以前の相続開始の場合は、農業相続人の死亡の日又は相続税の申告書の提出期限の翌日から20年を経過する日のいずれか早い日となり、その期限をもって納税猶予税額は免除されます。

相続開始日	納税猶予期限（免除の日）
平成3年12月31日以前	下記のいずれか早い日 　農業相続人の死亡の日 又は 相続税の申告期限の翌日から20年を経過する日
平成4年1月1日以後	農業相続人の死亡の日

4.2 適用を受けるための主な要件

　農地等の相続税の納税猶予を受けるための主な要件は、下記のとおりです。

○被相続人が農業を営んでいること（又は特定貸付けを行っていること）

○農業相続人が農業経営を継続すること（農業委員会から発行された「相続税の納税猶予に関する適格者証明書」を添付すること）

○申告期限内に農業相続人が農地等を取得することが確定すること（遺産分割協議書又は遺言書の写しを添付すること）

○相続税の期限内申告書を提出すること

○納税猶予の適用を受ける農地等のすべて（又は猶予税額（利子税を含む））に相当する担保を提供すること

　この要件をスケジュールで表現すると下記の図のようになります。

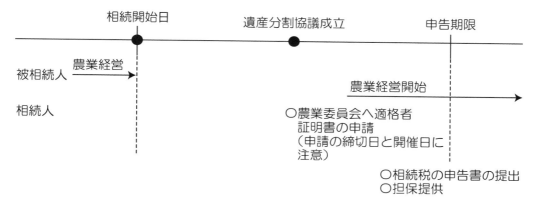

【農業委員会の受付締切日と総会開催日】

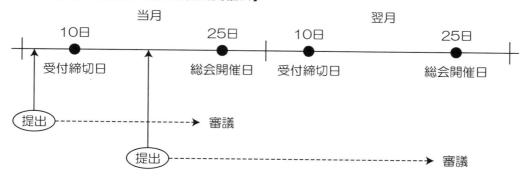

4.3 農地等の範囲と納税猶予期限

⑴ 納税猶予を受けることができる農地等の範囲

　相続税の納税猶予を適用できる農地等は、三大都市圏の特定市の区域内にある場合は、都市営農農地等に限定され、生産緑地に指定されている農地等と田園住居地域内にある農地が該当します。

　なお、生産緑地地区内の農地は、特定生産緑地が追加され、特定生産緑地の指定・延長をしなかった生産緑地は除かれます。

　また、田園住居地域とは、都市計画法の改正により創設された用途地域であり、農業の利便の増進を図りつつ、これと調和した低層住宅に係る良好な住居の環境を保護するために定められた地域をいいます。

【都市営農農地等の範囲】

生産緑地地区内の農地等 （右記以外）	買取りの申出がされたもの
	申出基準日までに特定生産緑地の指定を受けなかったもの
	指定基準日までに特定生産緑地の指定の期限延長がされなかったもの
	特定生産緑地の指定が解除されたもの
田園住居地域内の農地等	

　生産緑地、特定生産緑地と相続税の納税猶予の適用関係は、下記のとおりです。

①特定生産緑地の指定を受ける場合

　特定生産緑地の指定を受けていれば、現在適用を受けている納税猶予を引き続き適用を受けることができ、次世代も納税猶予の適用を受けることができます。

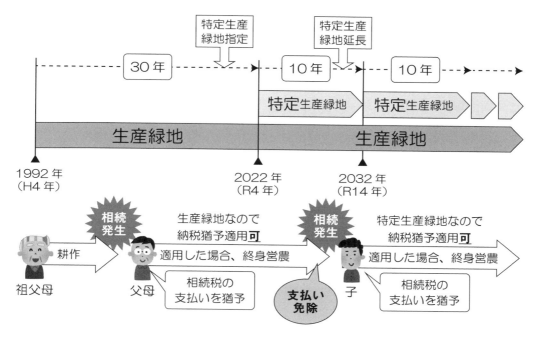

（横浜市ホームページより）

②特定生産緑地の指定を受けない場合

特定生産緑地の指定を受けない場合（生産緑地が継続）は、現在適用を受けている納税猶予を引き続き受けることができますが、次世代は納税猶予の適用を受けることはできません。

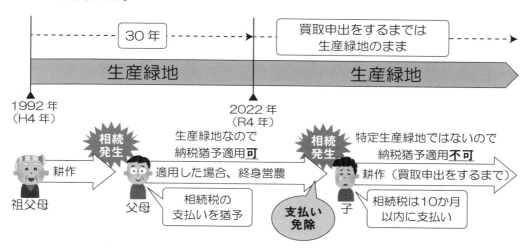

（横浜市ホームページより）

参考 施設園芸用の農地について

　農地に形質変更を加えず、棚や農作物の栽培用資材等を設置して栽培を行っている場合は、農地法上の農地に該当しますが、農地をコンクリート等で地固めしたものは、農地に該当しません。

　なお、農作物の栽培のため、設置が不可欠な通路などの敷地は、独立して他の用途での利用や取引対象にならなければ、農地に該当します。

●農地にあたるもの

（例）

ア　温室等を建築した場合でも、その敷地を直接耕作の目的に利用し、農作物を栽培している場合

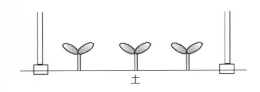

イ　ビニール等比較的簡易な資材を敷設し、砂、礫等を入れて礫耕栽培等を行っている場合のように、土地と一体をなすとみられるような状態で農作物を栽培している場合

ウ　農地の形質変更行為を行わずに、鉢、ビニールポット、水耕栽培等を行う場合（簡易な棚の設置、シート等の敷設等を行って栽培を行う場合を含む。）

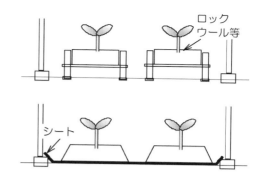

●農地にあたらないもの

（例）

ア 農業用施設の敷地をコンクリート
等で地固めする場合

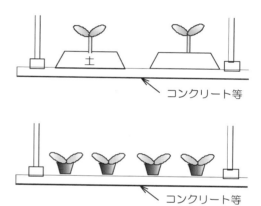

イ コンクリート等を敷地に埋設する
場合

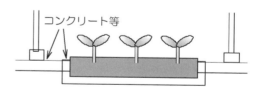

●その農地の農作物の栽培のために
必要不可欠な通路等
（全体を農地として取り扱うもの）

（例）

ア その農地における農作業上必要な
舗装された通路及び進入路

イ　その農地における農作物の栽培に
　　用いる堆肥・養土の置き場
ウ　温室等における農作物の栽培のた
　　めに通常必要不可欠な機材・設備の
　　設置場所

（注）　当該部分がその農地の農作物の栽培
　　　　に通常必要不可欠なものであり、当該
　　　　農地から独立して他用途への利用又は
　　　　取引の対象とならないもの

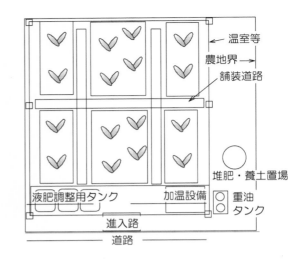

●農地と認められない部分を含む場合

（例）

・農地と認められない部分

ア　その農地における農作物の栽培に
　　通常必要と認められる規模を超える
　　機材・設備の用地
イ　事務所、倉庫、直売所等農作物の
　　栽培に通常必要不可欠といえないも
　　の
ウ　これらに附帯する土地

（注）　これらの部分は、その農地の農作物
　　　　の栽培に通常必要不可欠なものとは言
　　　　えず、当該農地から独立して他用途へ
　　　　の利用又は取引の対象となり得ると認
　　　　められる。

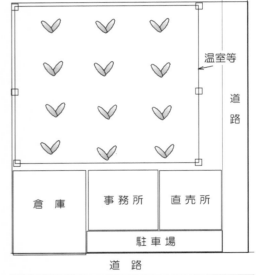

（出典）平成 14 年 4 月 1 日 13 経営第 6953 号、農林水産省経営局構造改善課長から
　　　　神奈川県環境農政部長あて「施設園芸用地等の取扱いについて」（回答）

⑵ 納税猶予期限

　営農する期間は、農地等の都市計画区分や地理的区分に応じ、下記の表のとおりとなります。

　なお、納税猶予の適用を受けている農地等の中に、都市営農農地等とそれ以外の農地等がある場合は、すべての農地等を終身営農する義務があります。

都市計画区分 ＼ 地理的区分		三大都市圏		三大都市圏以外
		特定市	特定市以外	
市街化区域	生産緑地地区内	終身営農		
	田園住居地域内	終身営農	20年営農	
	上記以外			
市街化区域外		終身営農		

　農業相続人は、この納税猶予期限まで農業経営を継続すれば、相続税が免除されます。

　しかし、納税猶予期限前に農業経営を廃止した場合は、納税猶予されていた相続税と、相続税の申告期限からの利子税を納めなければなりません。

　これを納税猶予期限の「確定」といいます。詳しくは4.6を参照してください。

4.4 農地等の相続税の納税猶予を受ける場合・受けない場合の計算例

農地等の相続税の納税猶予の適用を受ける場合と受けない場合の計算例です。

なお、土地の評価減額などは加味していません。また、税額計算上の端数は調整しています。

【前提条件】

相続人　子Aと子Bの2名

納税猶予を受ける農地　路線価による評価額2億円（農業投資価格84万円）

地積1,000㎡・・・子A取得

宅地　　　　　　　　路線価による評価額2億円

地積1,000㎡・・・子B取得

預金　　　　　　　　4億円・・・子A2億円、子B2億円取得

(1) 農地等の納税猶予を受ける場合

		総額	子A	子B
課税財産	農地	20,000万円	20,000万円	
	宅地	20,000万円		20,000万円
	預金	40,000万円	20,000万円	20,000万円
	計	80,000万円	40,000万円	40,000万円
相続税	通常評価の場合	29,500万円	16,300万円	13,200万円
	農地評価の場合	19,700万円	6,500万円	13,200万円
納税猶予税額		9,800万円	9,800万円	
納付税額		19,700万円	6,500万円	13,200万円

ポイント　農地等の納税猶予を受けない子Bも、農地評価の場合の相続税がベースになります。

(2) 農地等の納税猶予を受けない場合

		総額	子A	子B
課税財産	農地	20,000万円	20,000万円	
	宅地	20,000万円		20,000万円
	預金	40,000万円	20,000万円	20,000万円
	計	80,000万円	40,000万円	40,000万円
相続税	通常評価の場合	29,500万円	14,750万円	14,750万円
	農地評価の場合	― 万円	― 万円	― 万円
納税猶予税額		― 万円	― 万円	― 万円
納付税額		29,500万円	14,750万円	14,750万円

4.5 特例を適用する場合の必要書類

(1) 相続税の申告期限内に必要な書類

農地等の相続税の納税猶予を適用する場合は、相続税の申告書に下記の書類を添付します。

○担保提供書と抵当権設定登記承諾書

○相続税の納税猶予に関する適格者証明書（農業委員会発行）

○遺言書の写し又は遺産分割協議書の写し

○遺産分割協議書を添付する場合は、印鑑証明書

○農地等の特例適用農地等該当証明書（都市計画課発行）

相続税の納税猶予に関する適格者証明書

証　明　願

（年号）　　　　　年　　月　　日

○○市農業委員会長　殿

農地等の相続人氏名　　　　　　　印

下記の事実に基づき、被相続人及び私が租税特別措置法第 70 条の 6 第 1 項の規定の適用を受けるための適格者であることを証明願います。

1．被相続人に関する事項

住所		氏名		職業	
相続開始年月日	（年号）　　年　　月　　日	農業等の生前一括贈与を受けていた場合には、その年月日		（年号）　年　月　日	
被相続人の所有面積	耕作農地　　　　m²	被相続人が農業経営主でない場合	農業経営者の氏名		
	採草放牧地　　　m²		農業経営者と被相続人との同居・別居の別	同居・別居	
	合　計　　　　　m²				
特定貸付又は営農困難時貸付を行っていた者である場合	分　類	特定貸付け　・　営農困難時貸付			
	貸付年月日				
	貸付先の農業経営者の氏名				
	その他参考事項				

2．農地の相続人に関する事項
（1）農地等の相続人

住所		氏名		職業	
生年月日	（年号）　　年　　月　　日	被相続人との続柄			
相続開始の時における被相続人との同居・別居の別			同居　・　別居		
相続開始前において農業に従事した実績の有無			有　・　無		
特例の適用を受けようとする農地等の明細	別表のとおり	左記の農地等による農業経営の開始年月日	（年号）（　　　年　　月　　日　　　）		
今後引き続き農業経営を行うことに関する事項（特定貸付け又は営農困難時貸付けに関する事項）					
身体若しくは精神の障害又は老人ホーム等への入所の有無			有　・　無		
その他参考事項					

（2）農地等の相続人の推定相続人（生前一括贈与を受けていた農地等について使用貸借による
　　　　　　　　　　　権利が設定されている場合）

住所		氏名		職業	
生年月日	（年号）　　年　　月　　日	被相続人との続柄			
使用貸借による権利の設定の年月日			（年号）　　年　　月　　日		
使用貸借に係る農地等の明細	別紙のとおり	左記の農地等による農業経営の開始年月日	（年号）　　年　　月　　日		
今後引き続き推定相続人が農業経営を行うことに関する事項					
相続人が推定相続人の経営する農業に従事していることに関する事項					

　上記の証明願のとおり、被相続人及び農地等の相続人は、租税特別措置法第70条の6第1項に
規定する適格者であることを証明する。

　　　　　　　　○農委証第　　　　　号

（年号）　　　　年　　月　　日

　　　　　　　　　　　　　　　　　　　○○市農業委員会長　　　　　　　印

納税猶予の特例適用の農地等該当証明書

証　明　願

年　　月　　日

（あて先）　○　○　市　長

住　　所	
氏　　名	㊞
電話番号	

　相続税（贈与税）の納税猶予の適用に関して必要があるため、下記に記載した農地又は採草放牧地について、次のとおりであることを証明願います。

　下記に記載した農地又は採草放牧地が、都市計画法第7条第1項に規定する市街化区域内に所在する同法第8条第1項第14号に掲げる生産緑地地区内に所在する農地又は採草放牧地、同項第1号に掲げる田園住居地域内に所在する農地、都市計画法第58条の3第2項に規定する地区計画農地保全条例制度による制限を受ける同条第1項に規定する区域内にある農地、同法第7条第1項に規定する市街化調整区域内に所在する農地又は採草放牧地であること（納税猶予の対象となる農地等であること）。

（対象となる農地又は採草放牧地）

番号	農地又は採草放牧地の所在	地目	面積（㎡）	市街化区域内・外の別	田園住居地域内・外の別	地区計画農地保全条例の制限を受ける区域内・外の別	生産緑地地区内・外の別	特定生産緑地の指定の有無（生産緑地地区内に位置し、申出基準日を経過している場合）
1				内・外	内・外	内・外	内・外	有・無
2				内・外	内・外	内・外	内・外	有・無
3				内・外	内・外	内・外	内・外	有・無
4				内・外	内・外	内・外	内・外	有・無
5				内・外	内・外	内・外	内・外	有・無
6				内・外	内・外	内・外	内・外	有・無
7				内・外	内・外	内・外	内・外	有・無
8				内・外	内・外	内・外	内・外	有・無
9				内・外	内・外	内・外	内・外	有・無
10				内・外	内・外	内・外	内・外	有・無

○都都証第　　　　号

　上記に記載された農地又は採草放牧地が、都市計画法第7条第1項に規定する市街化区域内に所在する同法第8条第1項第14号に掲げる生産緑地地区に所在する農地又は採草放牧地、同項第1号に掲げる田園住居地域内に所在する農地、都市計画法第58条の3第2項に規定する地区計画農地保全条例制度による制限を受ける同条第1項に規定する区域内にある農地、同法第7条第1項に規定する市街化調整区域内に所在する農地又は採草放牧地であることを証明する。

　　　　年　　月　　日

○　○　市長　　××　　××

⑵　相続税の申告期限後に必要な書類

　相続税の申告書を提出後、納税猶予を受けている期間中は、相続税の申告期限の翌日から毎3年ごとに、引き続きこの特例の適用を受けたい旨を記載した「相続税の納税猶予の継続届出書」を税務署に提出する必要があります。

　この届出書には、農業委員会の発行する「引き続き農業経営を行っている旨の証明書」等を添付します。

相 続 税 の 納 税 猶 予 の 継 続 届 出 書

(税務署受付印)

_____ 税 務 署 長

令和____年____月____日

届出者住所 〒 _____

氏 名 _____ 印
（電話番号 ____ － ____ － ____ ）

　租税特別措置法第70条の6第1項の規定による相続税の納税の猶予を引き続いて受けたいので、次に掲げる税額等について確認し、同条第32項の規定により関係書類を添付して届け出ます。

農 地 等 の 相 続 （ 遺 贈 ） が あ っ た 年 月 日			平成 令和	年 月 日
被 相 続 人	住所		氏名	（ 年 月 日生）

1　納付すべき相続税額のうち納税の猶予の適用を受けた相続税額 ・・・・・・・・ _____円

2　1のうちこの届出書の提出までに特例農地等の譲渡等をしたため、
　既に納税の猶予が確定し納付した相続税額 ・・・・・・・・・・・・・ _____円

3　1のうち相続税の申告書の提出期限の翌日から20年が経過をしたため免除された相続税額 ・・・・・・・・・・・・・・・・ _____円

4　1のうち届出日現在において納税の猶予を受けている相続税額
　（1－2－3の金額） ・・・・・・・・・・・・・・・・・・・・・ _____円

5　納税猶予の適用を受けた農地等については、____年___月___日に 推定相続人・他の推定相続人等 _____に対して

　使用貸借による権利の設定をしたが現在もその農地等をその 推定相続人・他の推定相続人等 に引き続き使用させています。

6　この届出書の提出期限の属する年の前3年間の各年における特例農地等に係る農業経営に関する事項の概要は、「別紙1　特例農地等に係る農業経営に関する明細書」のとおりです。（特例農地等のうちに都市営農農地等がある場合、平成17年4月1日以降の相続に係る相続税の納税猶予の場合又は平成17年3月31日以前の相続に係る相続税の納税猶予で営農困難時貸付け、特定貸付け若しくは認定都市農地貸付け等を行っている場合）

7　特例農地等に係る営農困難時貸付けに関する事項は、「別紙2　特例農地等に係る営農困難時貸付けに関する明細書」のとおりです。（営農困難時貸付けを行っている場合）

8　特例農地等に係る特定貸付けに関する事項は、「別紙3　特例農地等に係る特定貸付けに関する明細書」のとおりです。（特定貸付けを行っている場合）

9　特例農地等に係る認定都市農地貸付け等に関する事項は、「別紙4　特例農地等に係る認定都市農地貸付け等に関する明細書」のとおりです。（認定都市農地貸付け等を行っている場合）

※　添付書類
　○　農業経営を引き続き行っている旨の農業委員会の証明書（上記の5に該当する場合には、その推定相続人が農業経営を引き続き行っている旨及び届出者が推定相続人の営む農業に従事している旨の証明書）
　○　この届出書を提出する前3年間に特例農地等の異動があった場合には、その明細書（特例農地等の異動の明細書）
　○　別紙1　特例農地等に係る農業経営に関する明細書（特例農地等のうちに都市営農農地等を有する場合、平成17年4月1日以降の相続に係る相続税の納税猶予の場合又は平成17年3月31日以前の相続に係る相続税の納税猶予で営農困難時貸付け、特定貸付け若しくは認定都市農地貸付け等を行っている場合）
　○　別紙2　特例農地等に係る営農困難時貸付けに関する明細書（営農困難時貸付けを行っている場合）
　○　営農困難時貸付けを行っている特例農地等に係る貸付けを引き続き行っている旨の農業委員会の証明書（営農困難時貸付けを行っている場合）
　○　別紙3　特例農地等に係る特定貸付けに関する明細書（特定貸付けを行っている場合）
　○　特定貸付けを行っている特例農地等に係る貸付けを引き続き行っている旨の農業委員会の証明書（特定貸付けを行っている場合）
　○　別紙4　特例農地等に係る認定都市農地貸付け等に関する明細書（認定都市農地貸付け等を行っている場合）
　○　認定都市農地貸付け等を行っている特例農地等に係る貸付けを引き続き行っている旨の農業委員会の証明書（認定都市農地貸付け等を行っている場合）

関与税理士		電話番号	

※	通信日付印の年月日	確認印	猶予整理簿	検算	整理簿番号
	年　月　日				

（資12－12－2－A4統一）（令元.5）

❖ 4.5　特例を適用する場合の必要書類

99

引き続き農業経営を行っている旨の証明書

証　明　願

年　　　　月　　　　日

○○市農業委員会会長　殿

申請者　住所

電話

氏名　　　　　　　　㊞

私 は 、 租 税 特 別 措 置 法 　第７０条の４第１項　 の 規 定 の 適 用 を 受 け る 農 地 等 に 係 る 農 業 第７０条の６第１項

経 営 を 下 記 の 期 間 引 き 続 き 行 っ て い る こ と を 証 明 願 い ま す 。

記

引 き 続 き 農 業 経 営 を 行 っ て い る 期 間

年　　　月　　　日 か ら　　　　　年　　　月　　　日 ま で

申 請 者 は 、 租 税 特 別 措 置 法 　第７０条の４第１項　 の 規 定 の 適 用 を 受 け る 農 地 等 に 係 る 第７０条の６第１項

農 業 経 営 を 上 記 の 期 間 引 き 続 き 行 っ て い る こ と を 証 明 す る 。

○農委証第　　　　　　号

年　　　月　　　日

○○市農業委員会会長

4.6 納税猶予期限の確定

　農地等の相続税の納税猶予の適用を受けた場合、終身営農又は20年間の営農義務があり、農業相続人の死亡又は20年間の納税猶予期限が到来すれば、相続税は免除されます。

　しかし、納税猶予期限前に、たとえば、次のような事由が発生したときは、猶予されている相続税の全部又は一部を、猶予期限から2か月以内に利子税を合わせて納付しなければなりません。

⑴　猶予税額の全部を納付する場合

　下記の事由が発生したときは、納税猶予を受けている相続税の全額と利子税の支払いが発生します。

〈確定事由の例示〉

確定事由	猶予期限
20%を超える譲渡等をした場合	譲渡等の日
農業経営を廃止した場合	廃止の日
3年ごとの継続届出書を提出しなかった場合	提出期限

　※譲渡等とは、譲渡、贈与もしくは転用のほか、貸付け、耕作の放棄が含まれます。

⑵　猶予税額の一部を納付する場合

　下記の事由が発生したときは、納税猶予を受けている相続税のうち、その事由が発生した農地等に対応する相続税と利子税の支払いが発生します。

〈確定事由の例示〉

確定事由	猶予期限
収用交換等による譲渡等の場合	譲渡等の日
20％以下の譲渡等をした場合	譲渡等の日
生産緑地の買取りの申出があった場合	買取りの申出の日
都市計画の変更により市街化区域農地になった場合	廃止の日

⑶ 納税猶予を受けている期間中に生産緑地の買取りの申出をする場合

　納税猶予を受けている期間内に、故障事由又は指定から30年経過を事由として生産緑地の買取りの申出をした場合、特定生産緑地の指定の有無にかかわらず、相続税と利子税の支払いが発生します。

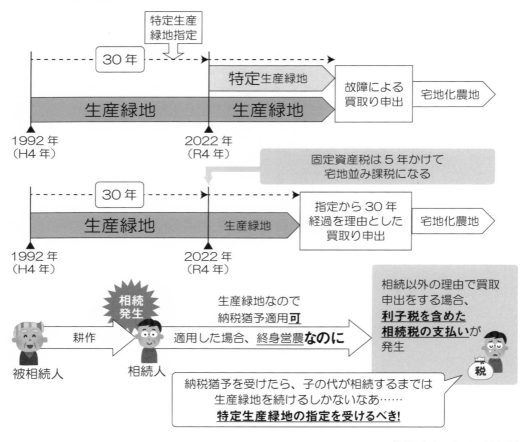

（横浜市ホームページより）

⑷ 相続税と合わせて支払う利子税の計算

　猶予税額の全部又は一部の支払いが発生した場合、利子税をあわせて支払う必要があります。

　市街化区域内の農地等に対する利子税の割合は、年ごとに下記の割合となります。

~ H 11	H 12 ~ 13	H 14 ~ 18	H 19	H 20	H 21
6.6%	4.0%	3.7%	3.9%	4.2%	4.0%

H 22 ~ 25	H 26	H 27 ~ 28	H 29	H 30	R1
3.8%	1.7%	1.6%	1.5%	1.4%	1.4%

【利子税の計算例】
納税猶予税額　　１億円
相続税の申告期限　　　　H10.12.31
猶予期限から2か月　　　R1.12.31

年	元本	利子税の割合	利子税
H 11	10,000 万円	6.6%	660 万円
H 12	10,000 万円	4.0%	400 万円
H 13	10,000 万円	4.0%	400 万円
H 14	10,000 万円	3.7%	370 万円
H 15	10,000 万円	3.7%	370 万円
H 16	10,000 万円	3.7%	370 万円
H 17	10,000 万円	3.7%	370 万円
H 18	10,000 万円	3.7%	370 万円
H 19	10,000 万円	3.9%	390 万円
H 20	10,000 万円	4.2%	420 万円
H 21	10,000 万円	4.0%	400 万円
H 22	10,000 万円	3.8%	380 万円
H 23	10,000 万円	3.8%	380 万円
H 24	10,000 万円	3.8%	380 万円
H 25	10,000 万円	3.8%	380 万円
H 26	10,000 万円	1.7%	170 万円
H 27	10,000 万円	1.6%	160 万円
H 28	10,000 万円	1.6%	160 万円
H 29	10,000 万円	1.5%	150 万円
H 30	10,000 万円	1.4%	140 万円
R1	10,000 万円	1.4%	140 万円
計			6,960 万円

4.7 | 特定貸付け等の特例

　特定貸付けとは、農地等の相続税の納税猶予の適用を受けている市街化区域外の農地を、「農業経営基盤強化促進法等」などに基づく事業による貸付けを行うことをいい、納税猶予期限の確定事由に該当せず、納税猶予を継続できます。

　また、生産緑地地区内の農地を、認定都市農地貸付け等を行った場合も、農地を貸付けしても納税猶予期限の確定事由に該当せず、納税猶予を継続できます。

⑴　対象となる農地と貸付け

　納税猶予期限の確定事由に該当しない貸付けは、下記のとおりです。

	農地の所在	対象となる貸付け
特定貸付け	市街化区域外	農地中間管理事業による貸付け 利用権設定等促進事業による貸付け （農業経営基盤強化促進法等）
認定都市農地貸付け等	生産緑地地区内	認定都市農地貸付け 農園用地貸付け （都市農地貸借法）

⑵　納税猶予継続のための手続

　納税猶予を継続するための手続は、特定貸付けの場合は、貸付けを行った日から2か月以内に税務署長に「特定貸付けに関する届出書」を提出します。

　なお、添付書類として、農地中間管理機構、農業委員会、市町村長による証明書が必要となります。

相続税の納税猶予の特定貸付けに関する届出書

令和＿＿年＿＿月＿＿日

＿＿＿＿＿＿＿＿税務署長

〒

届出者　住所　＿＿＿＿＿＿＿＿＿＿＿＿＿＿＿＿

氏　名　＿＿＿＿＿＿＿＿＿＿＿＿㊞

（電話番号　　　　－　　　　－　　　　）

租税特別措置法第70条の6の2第1項に規定する特定貸付けを行った下記の特例農地

等については同項の規定の適用を受けたいので、同項の規定により届け出ます。

1　被相続人等に関する事項

被　相　続　人	住　所		氏　名	
届出者が被相続人から農地等を相続（遺贈）により取得した年月日		昭　和 平　成 令　和	年　　月　　日	

2　特定貸付けに関する事項

借り受けた者	住所（居所）又は本店（主たる事務所）の所在地		氏名又は名称	
特定貸付けを行った年月日	令和　　年　　月　　日	地上権、永小作権、使用貸借による権利又は賃借権の存続期間	自：令和　　年　　月　　日 至：令和　　年　　月　　日	

　　上記の者へ特定貸付けを行った特例農地等の明細は、付表1のとおりです。

　　上記の特定貸付けは、次の貸付けにより行いました。（該当する番号を○で囲んでください。）

⑴　農地中間管理事業による使用貸借による権利又は賃借権の設定に基づく貸付け

⑵　農用地利用集積計画の定めるところによる使用貸借による権利又は賃借権の設定に基づく貸付け

3　平成30年8月31日以前の相続（遺贈）について納税猶予の適用を受けている農業相続人（相続（遺贈）により取得した日において特例農地等のうちに都市営農地等を有しない農業相続人に限ります。）が有する特例農地等に関する事項

　　農業相続人が有する特例農地等の取得をした日における当該特例農地等の区分は、付表2の1、同2の2及び同2の3のとおりです。

関与税理士		印	電話番号	

※	通信日付印の年月日	確認印	整理簿番号
	年　　月　　日		

（資12－120－1－A4統一）　　　（令2.6）

❖ 4.7　特定貸付け等の特例

認定都市農地貸付けの場合は、貸付けを行った日から2か月以内に税務署長に「相続税の納税猶予の認定都市農地貸付け等に関する届出書」（35ページ参照）を提出します。

　なお、添付書類として、農業委員会や市区町村長による証明書が必要となります。

4.8 営農困難時貸付けの特例

　相続税の納税猶予の適用を受けている相続人が、相続税の申告書の提出期限後に重度の障害により営農困難な状態となった場合は、納税猶予の対象となっている農地を貸し付けても、納税猶予期限の確定事由に該当せず、納税猶予を継続できます。

⑴　適用可能な貸付け

　適用可能な貸付けは、下記のとおりです。

　①市街化区域内など特定貸付けができない区域等に対象農地等が所在する場合

　②特定貸付けの申込み後1年を経過しても貸付けができなかった場合

⑵　営農困難な状態

　営農困難な状態とは、次の場合をいいます。

　①精神障害者保険福祉手帳（障害等級が1級）の交付を受けた場合

　②身体障害者手帳（身体上の障害の程度が1級又は2級）の交付を受けた場合

　③介護保険制度の被保険者証（要介護区分5）の交付を受けた場合

　④以下の障害などにより市町村長の認定を受けた場合

障害事由	視覚	両眼の視力が 0.1 以下
		周辺視野角度（1/4 視標による。）の総和が左右眼それぞれ 80 度以下かつ両眼中心視野角度（1/2 視標による。）が 56 度以下、又は両眼開放視認点数が 70 点以下かつ両眼中心視野視認点数が 40 点以下
	聴覚	両耳の聴力レベルが 90 デシベル以上
	平衡	平衡機能の著しい障害
	咀嚼言語	咀嚼又は言語の機能を廃したもの
		咀嚼及び言語の機能の著しい障害
	精神等	精神、神経系統の機能又は胸腹部臓器の機能の著しい障害
	肢体	両腕又は両脚の全部又は一部の喪失
		片腕又は片脚の用を全廃したもの
		片腕の 3 大関節のうち、2 関節の用を廃したもの
		両手の指又は両足の指の全部又は一部の喪失
		両手の親指、人指し指又は中指の用を廃したもの
		片手の親指及び人指し指の用を廃したもの
		親指又は人指しを含めて片手の 3 指の用を廃したもの
		片脚の 3 大関節のうち、2 関節の用を廃したもの
		両脚の足指の全部の用を廃したもの
		長管状骨に偽関節を残し、運動機能に著しい障害を残すもの
	体幹脊柱	座っていること、立ち上がること又は歩くことができない程度の体幹の機能の障害
		脊柱の機能に著しい障害を残すもの
	重複	身体の機能の障害若しくは病状又は精神の障害が重複する場合
	老衰	老衰により農業に従事する能力が著しく阻害されているもの
	入院	1 年以上の期間を要する入院
	施設への入所	救護施設
		認知症対応型老人共同生活援助事業を行う住居、養護老人ホーム、特別養護老人ホーム、軽費老人ホーム又は有料老人ホーム（要介護認定又は要支援認定を受けている場合）
		介護老人保健施設又は介護療養型医療施設
		障害福祉サービス事業（療養介護、生活介護、重度障害者等包括支援、共同生活介護、自立訓練又は生活共同援助を行う事業に限ります。）を行う施設又は障害者支援施設

⑶　納税猶予継続のための手続

　納税猶予を継続するための手続は、貸付けを行った日から2か月以内に税務署長に営農が困難となった事由を証明する書類を添付して「営農困難時貸付けに関する届出書」を提出します。

【添付書類の例示】

○精神障害者保健福祉手帳の写し

○身体障害者手帳の写し

○介護保険被保険者証の写し　　など

営農困難時貸付けに関する届出書

税務署受付印

令和＿＿年＿＿月＿＿日

＿＿＿＿＿＿＿＿＿＿税務署長

届出者　住　所　〒＿＿＿＿＿＿＿＿＿＿＿＿＿＿＿＿＿＿＿＿

　　　　氏　名　＿＿＿＿＿＿＿＿＿＿＿＿＿＿＿＿＿印

　　　　生年月日　昭和・平成　＿＿＿年＿＿＿月＿＿＿日

　　　　（電話番号）　＿＿＿－＿＿＿－＿＿＿）

租税特別措置法　第70条の4第22項／第70条の6第28項　に規定する営農困難時貸付けを行った下記の特例農地等については、同項の規定の適用を受けたいので、同項の規定により届け出ます。

1　贈与者又は被相続人等に関する事項

贈　与　者被相続人	住　所		氏　名	
届出者が　贈与者／被相続人　から農地等を　贈　与／相続（遺贈）　により取得した年月日			昭和平成令和	＿＿年＿＿月＿＿日

2　特例農地等について自己の農業の用に供することが困難となった事由に関する事項

特例農地等について自己の農業の用に供することが困難となった年月日	令和　　年　　月　　日

特例農地等について自己の農業の用に供することが困難となった事由は、次のとおりです。（該当する番号を○で囲んでください。）

(1)　贈与税・相続税の申告書の提出期限後に障害等級が1級である精神障害者保健福祉手帳の交付を受けました。

(2)　贈与税・相続税の申告書の提出期限後に身体上の障害の程度が1級又は2級である身体障害者手帳の交付を受けました。

(3)　贈与税・相続税の申告書の提出期限後に要介護区分五の要介護認定を受けました。

(4)　贈与税・相続税の申告書の提出期限後に身体障害者手帳に記載された身体上の障害の程度が2級から1級に変更されました。

(5)　贈与税・相続税の申告書の提出期限後に当該提出期限において身体障害者手帳に記載されていた身体上の障害の程度とは別の身体上の障害の程度が1級又は2級である障害が新たに身体障害者手帳に記載されました。（(4)に該当する場合を除きます。）

(6)　贈与税・相続税の申告書の提出期限後に農業に従事することを不可能にさせる故障として市町村長又は特別区の区長の認定を受けました。

3　営農困難時貸付けに関する事項

借り受けた者	住　所（居所）又は本店（主たる事務所）の所在地		氏　名又は名　称	
営農困難時貸付けを行った年月日	令和　　年　　月　　日	地上権、永小作権、使用貸借による権利又は賃借権の存続期間	自：令和　　年　　月　　日至：令和　　年　　月　　日	

上記の者へ営農困難時貸付けを行った特例農地等の明細は、付表のとおりです。

上記の営農困難時貸付けは、次の貸付けにより行いました。（該当する番号を○で囲んでください。なお、相続税の納税猶予の適用を受けている人又は租税特別措置法第70条の4の2第1項に規定する猶予適用者で贈与税の納税猶予の適用を受けている人が(1)又は(2)に掲げる貸付けの申込みを行った日後1年を経過する日までに当該貸付けを行った場合には、その貸付けは特定貸付けとなりますので、この届出書ではなく「特定貸付けに関する届出書」により届出を行ってください。）

(1)　農地中間管理事業による使用貸借による権利又は賃借権の設定に基づく貸付け

(2)　農用地利用集積計画の定めるところによる使用貸借による権利又は賃借権の設定に基づく貸付け

(3)　(1)及び(2)までに掲げる貸付け以外の地上権、永小作権、使用貸借による権利又は賃借権の設定に基づく貸付け

関与税理士		印	電話番号	

※	通信日付印の年月日	確認印	整理簿番号
	年　月　日		

（資12－110－1－A4統一）（令2.6）

4.9 相続税の納税猶予適用農地の買換え特例

(1) 納税猶予の適用を受けている農地を譲渡等した場合

相続税の納税猶予の適用を受けている農地を譲渡等した場合は、納税猶予税額の期限が確定し、相続税を納付しなければなりません。

ただし、譲渡等をした日から1年以内に譲渡等による対価の全部又は一部で代替農地等を取得した場合は、代替農地等の取得に充てられた部分は、譲渡等がなかったものとして、相続税の納税猶予を継続することができます。

〈計算例〉

譲渡対価の額の全額を代替農地等の取得に充てなかった場合は、その部分の面積が20%を超えるときは、納税猶予税額の全額を、20%以内の場合は、下記算式で計算した納税猶予税額を、譲渡等をした日から1年を経過する日後2か月以内に納付しなければなりません。

下記のとおり、2億5,000万円で特例農地等を譲渡し、代替農地等として2億円の農地を取得した場合で試算します。

譲渡等をした特例農地等	相続税評価額	①	200,000,000 円
	農業投資価格	②	840,000 円
	面積	③	1,000㎡
	譲渡対価の額	④	250,000,000 円
	猶予された相続税	⑤	80,000,000 円
取得した農地	取得価額	⑥	220,000,000 円

〈譲渡等をした面積が20％以内かどうかの判定〉

(1) $1,000㎡×\dfrac{(④-⑥)}{④}=120㎡≦1,000㎡×20\%$　∴20％以内

(2)譲渡等をした特例農地の農業投資価格超過額　①－②＝199,160,000円

(3)代替農地の取得に充てなかった譲渡対価　④－⑥＝30,000,000円

(4)(3)に対応する農業投資価格超過額　$\dfrac{(2)×(3)}{④}=23,899,200円$

(5)納付する相続税　$\dfrac{⑤×(4)}{(2)}=9,600,000円$

⑵　納税猶予継続のための手続

①譲渡日から1か月以内に、税務署長に「代替農地等の取得等に関する承認申請書」を提出します。

②代替農地等の取得後遅滞なく、税務署長に「代替農地等の取得価額等の明細書」を提出します。

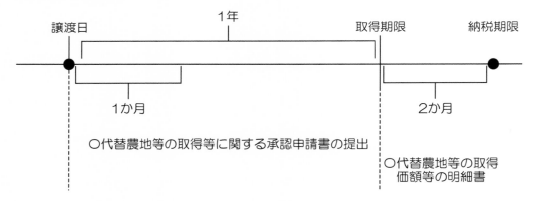

代替農地等の取得等に関する承認申請書（納税猶予事案用）

税務署
受付印

令和＿＿＿年＿＿月＿＿日提出

〒

＿＿＿＿＿＿＿税務署長 申請者 住 所 ＿＿＿＿＿＿＿＿＿＿＿＿＿＿＿＿

氏 名 ＿＿＿＿＿＿＿＿＿＿＿＿＿＿ ㊞

（電話番号 － － ）

次の規定により、下記のとおり 贈与税／相続税 の納税猶予の適用に係る代替農地等の取得価額等に関する承認申請をします。

規定	贈与税	☐ 租税特別措置法施行令第40条の6第29項 （代替農地等の取得）
		☐ 租税特別措置法施行令第40条の6第32項 （代替農地等の付替え）
	相続税	☐ 租税特別措置法施行令第40条の7第29項 （代替農地等の取得）
		☐ 租税特別措置法施行令第40条の7第33項 （代替農地等の付替え）

（注） 贈与税又は相続税について、代替農地等の取得と付替えに関する承認を併せて受ける場合には、それぞれの「☐」にレ印をしてください。

記

譲渡等をした特例農地等	所 在 地				計
	地 目 等 、 面 積		㎡	㎡	
	贈 与 を 受 け た 相続（遺贈）があった 年月日	年 月 日	年 月 日		
	贈 与 相続（遺贈） の 時 の 価 額	円	円		円
	農 業 投 資 価 格	円	円		円
	農 業 投 資 価 格 超 過 額	円	円		円
	譲 渡 等 の 年 月 日 、 態 様	令和 年 月 日	令和 年 月 日		
	譲 渡 等 の 対 価 の 額	円	円		円
取得又は採草放牧地等をする農地等見込み地等	所 在 地				
	地 目 等 、 面 積		㎡	㎡	
	取 得 等 予 定 の 年 月 日	令和 年 月 日	令和 年 月 日		
	取 得 価 額 の 見 積 額 （代替農地等の取得の場合）	円	円		円
	譲 渡 等 の 時 に お け る 価 額 （代替農地等の付替えの場合）	円	円		円
摘要					

関 与 税 理 士		印	電話番号	

※	通信日付印の年月日	確認印	整理簿番号
	年 月 日		

（資12－19－1－A4統一） （令2.6）

❖ 4.9 相続税の納税猶予適用農地の買換え特例

113

代 替 農 地 等 の 取 得 価 額 等 の 明 細 書

（税務署受付印）

_____ 税務署長

〒
申請者 住 所 _____

氏 名 _____ ㊞
（電話番号 ― ― ）

次の規定による承認申請に係る代替農地等の取得価額等は、下記のとおりです。

規定	贈与税	☐ 租税特別措置法施行令第40条の6第29項（代替農地等の取得）
		☐ 租税特別措置法施行令第40条の6第32項（代替農地等の付替え）
	相続税	☐ 租税特別措置法施行令第40条の7第29項（代替農地等の取得）
		☐ 租税特別措置法施行令第40条の7第33項（代替農地等の付替え）

（注） 贈与税又は相続税について、代替農地等の取得と付替えに関する承認を併せて受けた場合には、それぞれの「☐」にレ印を記入してください。

記

譲渡等をした特例農地等	所　在　地					
	地目等、面積	①	㎡	㎡	㎡	
	譲渡年月日、態様		令和　年月日	令和　年月日	令和　年月日	
	贈与価額　農業投資価格超過額	②	円	円	円	
	譲渡の対価の額	③	円	円	円	
取得等をした農地又は採草放牧地等	所　在　地					
	地目等、面積	④	㎡	㎡	㎡	
	取得年月日		年　月　日	年　月　日	年　月　日	
	農地法の規定による許可又は届出の受理年月日		令和　年月日 許可届出	令和　年月日 許可届出	令和　年月日 許可届出	
	取得の態様					
	取得価額（代替農地等の取得の場合）	⑤	円	円	円	
	譲渡等の時における価額（代替農地等の付替えの場合）	⑥	円	円	円	
	買入先 住所又は所在地					
	買入先 氏名又は名称					
譲渡等があった分	② × (③−(⑤+⑥))／③		円	円	円	
譲渡等がなかった分	① × (⑤+⑥)／③ 〔1を超えるときは1とする。〕	⑦	㎡	㎡	㎡	
譲渡等がなかった分	② × (⑤+⑥)／③ 〔1を超えるときは1とする。〕	⑧	円	円	円	
摘要						

（注） 1 「農地法の規定による許可又は届出の受理年月日」欄は、代替農地等の取得に関する承認に基づき取得した農地又は採草放牧地について、農地法上の手続を行った場合に記載してください。
　　　 2 「買入先」欄は、代替農地等の取得に関する承認の場合に記載してください。

関　与　税　理　士	印	電話番号	

※	検　印	整理簿番号

（資12−20−Ａ4統一）　　（令2.6）

第5章

農家が適用可能な
小規模宅地等の減額特例

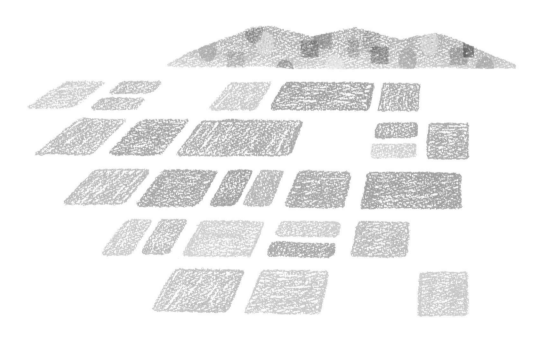

5.1 特例の概要

　小規模宅地等の減額特例とは、亡くなられた方又は亡くなられた方と生計を一にしている親族の事業用又は居住用の宅地等について、いくつかの要件を満たすときに、宅地等の評価額を減額できる相続税の特例です。

　下記では、亡くなられた方の事業用宅地等、居住用宅地等、貸付事業用宅地等について、解説します。

⑴　特例を適用できる宅地等

　特例を適用できる宅地等とは、建物又はアスファルト等の構築物の敷地となっている土地や借地権をいいます。

　このため、農地や採草放牧地は、対象となりません。

　また、亡くなられた方（ご自身）の事業用又は居住用の宅地等のため、たとえば、不動産業者の所有する棚卸資産としての宅地等も対象となりません。

【特例の適用の可否例】

事例	適用の可否
自宅の敷地	○
アパートの敷地	○
アスファルト敷きの駐車場の敷地	○
砂利敷きの駐車場の敷地	×
畑	×
トラクターや農機具等の農業用倉庫の敷地	○
個人直売所の敷地	○
レストランの敷地	○

　なお、「相続時精算課税制度」の適用を受けた宅地等や「個人の事業用資産についての相続税の納税猶予」（詳細は第6章に記載しました）の適用を受けた宅地等は、特例の対象になりません。

⑵ 特例を適用する際の面積の上限と減額できる割合

　相続税の計算上、敷地や借地権の評価額から減額できる面積の上限や減額割合は、下記のとおりです。

利用状況	利用している人	限度面積	減額割合
居住用の建物の敷地	亡くなられた方	330㎡	80%
事業用の建物の敷地	亡くなられた方	400㎡	80%
貸付事業用の敷地	亡くなられた方	200㎡	50%

【居住用の建物の敷地に適用する評価減のイメージ】

△80%	100% 評価
20% 評価	
330㎡	170㎡
自宅敷地　500㎡	

　なお、利用状況ごとに特例を併用する場合の限度面積は、下記のとおりとなります。

①居住用の建物の敷地と事業用の建物の敷地について評価減を併用する場合

事業用（貸付事業以外）の建物の敷地（限度400㎡）＋居住用の建物の敷地（限度330㎡）≦730㎡

②事業用（貸付事業以外）の建物の敷地と居住用の建物の敷地と貸付事業用の敷地を併用する場合

$$事業用（貸付事業以外）の建物の敷地 \times \frac{200}{400} ＋居住用の建物の敷地 \times \frac{200}{330} ＋貸付事業用の敷地 ≦ 200㎡$$

⑶ 事業用の建物の敷地に適用できる場合

　亡くなられた方の事業（不動産貸付事業を除きます）に使用していた敷地を、次の要件を満たす親族が取得した場合は、400㎡まで80%の評価額を減額できます。

・その親族が、亡くなられた方の事業を承継し、申告期限まで事業継続すること

・申告期限までその宅地等を所有すること

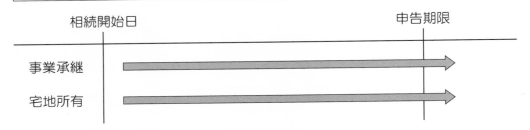

小規模宅地等の減額は、建物又は構築物の敷地の用に供されているものが対象となり、温室その他の建物で、その敷地が耕作の用に供されているものや暗渠その他の構築物でその敷地が耕作の用に供されているものは対象外です。

このため、農家の場合は、農機具を収納する倉庫などの農業用施設用地が特例の対象となります。

なお、亡くなる前3年以内に新たに事業を開始した建物等の敷地は、建物等の評価額がその敷地等の評価額の15%未満の場合は、特例の適用ができません。

算 式

$$\frac{亡くなられた方の事業用の減価償却資産の相続開始時の評価額}{新たに事業を開始した建物等の敷地の相続開始時の評価額} \geqq 15\%$$

⑷　貸付事業用の建物の敷地に適用できる場合

亡くなられた方のアパート等の貸付事業に使用していた敷地を、次の要件を満たす親族が取得した場合は、200㎡まで50%の評価額を減額できます。

・その親族が、亡くなられた方の貸付事業を承継し、申告期限まで事業継続すること

・申告期限までその宅地等を所有すること

なお、特例を受けようとする宅地等が、相続開始前3年以内に貸付事業を開始している場合は、下記のフローチャートの確認が必要です。

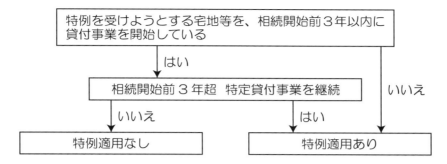

特定貸付事業とは、建物で換算する場合は5棟、部屋数で換算する場合は10室、月極駐車場で換算する場合は50台で判定します。

たとえば、6室のアパートと駐車場20台分があるときは、駐車場20台分を4室相当と換算すると合計10室になるため、特定貸付事業に該当します。

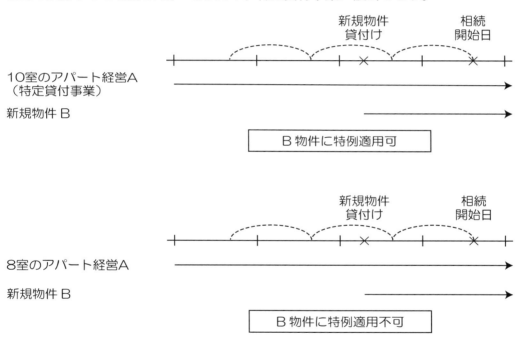

⑸　居住用の建物の敷地に適用できる場合

　亡くなられた方の自宅の敷地を、次のいずれかの要件を満たす被相続人の親族が取得した場合は、330㎡まで80%の評価額を減額できます。

①亡くなられた方の配偶者

②亡くなられた方の同居親族

・その同居親族が、申告期限まで居住継続すること

・申告期限までその宅地等を所有すること

---

③被相続人の配偶者又は相続開始の直前において被相続人と同居していた相続人がいない場合、次のすべての要件を満たす被相続人の親族（原則として日本国内に居住していること。例外もあります）であること

・相続開始前3年以内に日本国内にあるその親族、その親族の配偶者、その親族の3親等内の親族又はその親族と特別の関係がある法人の所有する家屋（相続開始の直前の被相続人の居住用家屋を除く）に居住したことがないこと

・相続開始時に、その親族が居住している家屋を、相続開始前のいずれの時においても所有していないこと

・相続開始時から申告期限まで引き続きその宅地等を所有していること

5.2 特例を適用する場合の添付書類

小規模宅地等の減額特例を適用する場合は、下記の書類を申告書に添付します。

⑴ すべてのケースで必要な書類

○小規模宅地等に係る計算明細書

○遺言書の写し、遺産分割協議書の写し（印鑑証明書の添付）

○申告期限後3年以内の分割見込書（相続税の申告期限までに分割されていない場合）

⑵ 亡くなられた方の事業用地に適用する場合

○相続開始前3年以内に事業の用に供されている敷地に適用する場合は、特定建物の明細書

⑶ 亡くなられた方の貸付事業用地に適用する場合

○不動産所得の青色申告決算書、収支内訳書など特定貸付事業であることのわかる書類

⑷ 亡くなられた方の自宅に適用する場合

①同居親族の場合

○マイナンバーカードを有しない場合は、住民票など（居住していることのわかる書類）

②家なし親族の場合

○戸籍の附票（相続開始前3年の住所又は居所のわかる書類）

○賃貸借契約書、家屋の謄本等（相続開始前の3年以内に居住していた家屋が、自己又は配偶者等の所有でないことのわかる勝利）

③亡くなられた方が老人ホームに入居していた場合

○亡くなられた方の戸籍の附票の写し

○介護保険の被保険者証の写し又は障害福祉サービス受給者証の写し（要介護認
　定又は要支援認定等を受けていたことのわかる書類）
○認知症対応型老人共同生活援助事業が行われる施設、特別養護老人ホーム、
　サービス付き高齢者向け住宅など施設の要件をみたすことを証明する書類

第6章

個人版事業承継税制と
各種特例を併用した場合の
計算例

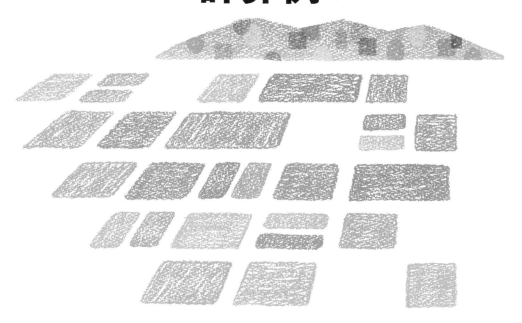

6.1 個人版事業承継税制の概要

　個人版事業承継税制とは、「個人の事業用資産についての相続税の特例」といい、2019年1月1日から2028年12月31日までの間に、特例事業相続人等が特定事業用資産を相続等により取得し、事業を継続する場合は、特例事業相続人の納付すべき相続税のうち特定事業用資産に対応する相続税が猶予される制度です。

　なお、特例の適用を受けるためには、2019年4月1日から2024年3月31日までに「個人事業承継計画」を都道府県知事に提出し、確認を受ける必要があります。

⑴　事業の要件

　特例の対象となる事業は、小規模宅地等の減額特例のうち特定事業用宅地等に該当する事業と同一になります。

　したがって、不動産貸付事業、駐車場業及び自転車駐車場業は、対象外です。

　なお、資産保有型事業、資産運用型事業、性風俗関連特殊事業も適用はありません。

⑵　特定事業用資産の要件

　特例の対象となる特定事業用資産は、前年の貸借対照表に計上されている事業用資産のうち下記の資産をいいます。

○土地（建物又は構築物の敷地で棚卸資産に該当しないもの）、建物（土地は400㎡まで、建物は800㎡まで）・・・畜舎、ライスセンター等

○機械、器具備品・・・トラクター、コンバイン、自動計量器等

○車両・・・トラック等

○生物・・・牛、馬、かんきつ樹、茶樹等

参考　小規模宅地等の減額との関係

　相続等で取得した宅地について、小規模宅地等の減額特例の適用を受ける場合は、その内容に応じ、下記の制限があります。

適用を受ける 小規模宅地等の区分	個人版事業承継 税制の適用可否	適用可能面積
事業用宅地等	適用不可	―
同族会社 事業用宅地等	適用可	400㎡ − 適用した同族会社事業用宅地等の面積
貸付事業用宅地等	適用可	$400㎡ − 2 \times \left(A \times \dfrac{200}{330} + B \times \dfrac{200}{400} + C \right)$
居住用宅地等	適用可	400㎡

A：居住用宅地等の面積
B：同族会社事業用宅地等の面積
C：貸付事業用宅地等の面積

(3) 被相続人の要件

　先代事業者である被相続人及び先代事業者と生計を一にする親族である贈与者の要件は、次のとおりです。

①先代事業者の場合

　○相続以前3年間、所得税の確定申告書を青色申告により提出していること（青色申告特別控除は、55万円[※]）

　○農業収入があること

②被相続人（先代事業者）と生計を一にする親族の場合

　被相続人（先代事業者）と生計を一にする親族であって、先代事業者の相続後1年以内の贈与又は相続であること

　贈与の場合の要件は、下記となります。

　○贈与以前3年間、所得税の確定申告書を青色申告により提出していること（青色申告特別控除は、55万円[※]）

　○農業収入があること

　○贈与時まで廃業届出書を提出していないこと

　※電子申告または電子帳簿保存を行う場合は、65万円

⑷ 相続人の要件

後継者である相続人の要件は、次のとおりです。

○相続により特定事業用資産のすべてを取得していること

○相続開始の直前まで、農業に従事していること（被相続人が60歳以上の場合）

○納税猶予の適用を受ける特定事業用資産のすべてを有し、自己の事業の用に供していること（又は供する見込みであること）

○青色申告の承認を受けること（又は承認を受ける見込みであること）

被相続人が青色申告者の場合、事業を営んでいない相続人の青色申告の申請期限は、下記のとおりとなります。

死亡の日	申請期限
その年1月1日から8月31日	死亡の日から4か月以内
その年9月1日から10月31日	その年の12月31日
その年11月1日から12月31日	その年の翌年2月15日

○個人事業承継計画の確認を受けていること

○「円滑化法」による認定を受けること（相続開始後8か月以内に申請）

など

⑸ 特例を適用する場合の必要書類

①相続税の申告期限内に必要な書類

個人版事業承継税制を適用する場合は、相続税の申告書に下記の書類を添付します。

○担保提供書と抵当権設定登記承諾書

○円滑化法による認定申請書と認定書の写し（都道府県知事）

○個人事業承継計画の申請書と確認書の写し

○車検証の写し（車両の場合）

○遺言書の写し又は遺産分割協議書の写し

○遺産分割協議書を添付する場合は、印鑑証明書

②相続税の申告期限後に必要な書類

　相続税の申告書を提出後、納税猶予を受けている期間中は、相続税の申告期限の翌日から毎3年ごとに、引き続きこの特例の適用を受けたい旨を記載した「相続税の納税猶予の継続届出書」を税務署に提出する必要があります。

　この届出書の提出がない場合は、納税猶予が取り消され、提出期限から2か月以内に相続税と利子税の支払いが発生します。

6.2 各種特例適用の前提条件

「農地等の相続税の納税猶予」、「小規模宅地等の減額特例」、「個人の事業用資産についての相続税の納税猶予」を適用した場合の相続税のイメージを計算例で表示しました。

⑴ 相続財産の構成

相続財産の構成は、下記のとおりです。

種類	詳細	数量	金額
土地	生産緑地	2,000㎡	500,000,000 円
	農業用施設用地	200㎡	50,000,000 円
	自宅	400㎡	100,000,000 円
	駐車場	1,800㎡	360,000,000 円
建物	農作業小屋	160㎡	1,500,000 円
	自宅	200㎡	5,000,000 円
構築物	ビニールハウス		700,000 円
有価証券			1,000,000 円
預貯金			65,000,000 円
農機具			2,500,000 円
車両運搬具			300,000 円
その他資産			11,000,000 円

⑵ 相続人関係と遺産分割協議内容

相続人関係と遺産分割協議内容は、下記のとおりです。

①相続人関係

相続人は、子Aと子Bの2人で、子Aは農業相続人（特例事業相続人）です。

【相続人関係図】

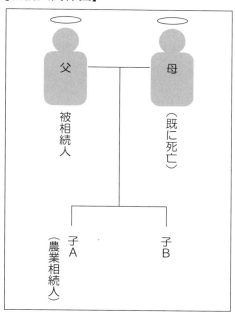

②遺産分割協議内容

遺産分割協議内容は、全財産を子Aが相続し、子Aは子Bに対し2億5,000万円の代償金を支払うものとします。

6.3 相続税の計算例とそれぞれの特徴

　相続税の計算上、土地の表示は、路線価を基礎にした通常価格ベースの評価額に、農業投資価格ベースによる評価額を併記しました。

⑴ 「小規模宅地等の減額特例」を自宅と農業用施設用地に適用した場合

　小規模宅地等の減額特例を適用した土地の評価は、農業用施設用地を特定事業用宅地等として80%の評価減（限度面積は400㎡）、自宅を特定居住用宅地等として80%の評価減（限度面積は330㎡）を適用しています。

【土地の内訳】

地目	利用状況	面積	通常の評価額	農地の評価額
畑	生産緑地	2,000㎡	500,000,000 円	500,000,000 円
宅地	農業用施設用地	200㎡	50,000,000 円	50,000,000 円
	小規模宅地等の減額	200㎡	△ 40,000,000 円	△ 40,000,000 円
	自宅	400㎡	100,000,000 円	100,000,000 円
	小規模宅地等の減額	330㎡	△ 66,000,000 円	△ 66,000,000 円
	計		44,000,000 円	44,000,000 円
雑種地	駐車場	1,800㎡	360,000,000 円	360,000,000 円
	合計		904,000,000 円	904,000,000 円

　なお、農地等の相続税の納税猶予の適用を受けないため、「通常の評価額」と「農地の評価額」は、同額となります。

【単位：円】

区分		総額	A	B
課税財産	土地 通常評価	904,000,000	904,000,000	
	土地 農地評価	—	—	
	家屋	6,500,000	6,500,000	
	構築物	700,000	700,000	
	農業用器具	2,800,000	2,800,000	
	預貯金	65,000,000	65,000,000	
	有価証券	1,000,000	1,000,000	
	その他資産	11,000,000	11,000,000	
	代償金	0	-250,000,000	250,000,000
課税価格		991,000,000	741,000,000	250,000,000
算出税額	通常評価	390,500,000	291,988,396	98,511,604
	農地評価			
納税猶予税額	農地等			
	事業用資産			
納付税額		390,499,900	291,988,300	98,511,600

⑵ 生産緑地に「農地等の相続税の納税猶予」を適用し、「小規模宅地等の減額特例」を、自宅と農業用施設用地に適用した場合

　小規模宅地等の減額特例を適用した土地の評価は、農業用施設用地を特定事業用宅地等として80％の評価減（限度面積は400㎡）、自宅を特定居住用宅地等として80％の評価減（限度面積は330㎡）を適用しています。

【土地の内訳】

地目	利用状況	面積	通常の評価額	農地の評価額
畑	生産緑地	2,000㎡	500,000,000 円	1,680,000 円
宅地	農業用施設用地	200㎡	50,000,000 円	50,000,000 円
	小規模宅地等の減額	200㎡	△40,000,000 円	△40,000,000 円
	自宅	400㎡	100,000,000 円	100,000,000 円
	小規模宅地等の減額	330㎡	△66,000,000 円	△66,000,000 円
	計		44,000,000 円	44,000,000 円
雑種地	駐車場	1,800㎡	360,000,000 円	360,000,000 円
	合計		904,000,000 円	405,680,000 円

相続人Aは、通常の評価額に対応する相続税と農地の評価額に対応する相続税の差額が猶予されます。

この猶予税額は、相続税の納税を国に「まってもらっている」だけですので、農業経営を廃止した場合は、納税猶予税額と利子税を一括して納税しなければなりません。

納税猶予の適用を受けるときは、納税猶予を受ける農地のすべてを担保提供します。

また、相続人Bの相続税は、農地の評価額を基礎として計算しますので、通常評価の税額である(1)より相続税が低くなります。

【単位：円】

区分			総額	A	B
課税財産	土地	通常評価	904,000,000	904,000,000	
		農地評価	405,680,000	405,680,000	
	家屋		6,500,000	6,500,000	
	構築物		700,000	700,000	
	農業用器具		2,800,000	2,800,000	
	預貯金		65,000,000	65,000,000	
	有価証券		1,000,000	1,000,000	
	その他資産		11,000,000	11,000,000	
	代償金		0	−250,000,000	250,000,000
課税価格			991,000,000	741,000,000	250,000,000
算出税額		通常評価	390,500,000	314,991,556	75,508,444
		農地評価	148,806,000	73,297,556	75,508,444
納税猶予税額	農地等		241,694,000	241,694,000	
	事業用資産				
納付税額			148,805,900	73,297,500	75,508,400

⑶ 「小規模宅地等の減額特例」を、自宅に適用し、「個人の事業用資産（減価償却資産）についての相続税の納税猶予」を農作業用施設用地、農作業小屋、構築物、農機具、車両運搬具に適用した場合

小規模宅地等の減額特例を適用した土地の評価は、自宅を特定居住用宅地等として80％の評価減（限度面積は330㎡）を適用しています。

なお、農業用施設用地に対し小規模宅地等の特例を適用しないため、(1)、(2)より土地の評価額は4,000万円増加します。

【土地の内訳】

地目	利用状況	面積	通常の評価額	農地の評価額
畑	生産緑地	2,000㎡	500,000,000 円	500,000,000 円
宅地	農業用施設用地	200㎡	50,000,000 円	50,000,000 円
	小規模宅地等の減額	200㎡	―	―
	自宅	400㎡	100,000,000 円	100,000,000 円
	小規模宅地等の減額	330㎡	△ 66,000,000 円	△ 66,000,000 円
	計		84,000,000 円	84,000,000 円
雑種地	駐車場	1,800㎡	360,000,000 円	360,000,000 円
	合計		944,000,000 円	944,000,000 円

また、相続税の納税猶予を受ける個人の事業用資産は、下記のとおりです。

【事業用資産（減価償却資産）の内訳】

種類	詳細	数量	金額
土地	農業用施設用地	200㎡	50,000,000 円
家屋	農作業小屋	160㎡	1,500,000 円
構築物	ビニールハウス		700,000 円
農機具			2,500,000 円
車両運搬具			300,000 円
計			55,000,000 円

相続人Aが、「個人の事業用資産についての相続税の納税猶予」を受ける場合、相続人Bの相続税の計算は、「農地等の相続税の納税猶予」とは異なり、通常評価の税額を基礎とします。

区分			総額	A	B
課税財産	土地	通常評価	944,000,000	944,000,000	
		農地評価	―	―	
	家屋		6,500,000	6,500,000	
	構築物		700,000	700,000	
	農業用器具		2,800,000	2,800,000	
	預貯金		65,000,000	65,000,000	
	有価証券		1,000,000	1,000,000	
	その他資産		11,000,000	11,000,000	
	代償金		0	−250,000,000	250,000,000
課税価格			1,031,000,000	781,000,000	250,000,000
算出税額	通常評価の場合		410,500,000	310,960,718	99,539,282
	農地評価の場合				
納税猶予税額	農地等				
	事業用資産		12,839,300	12,839,300	
納付税額			397,660,600	298,121,400	99,539,200

⑷ 生産緑地に「農地等の相続税の納税猶予」を適用し、「小規模宅地等の減額特例」を、自宅に適用し、「個人の事業用資産についての相続税の納税猶予」を農作業用施設用地、農作業小屋、構築物、農機具、車両運搬具に適用した場合

小規模宅地等の減額特例を適用した土地の評価は、自宅を特定居住用宅地等として80％の評価減（限度面積は330㎡）を適用しています。

【土地の内訳】

地目	利用状況	面積	通常の評価額	農地の評価額
畑	生産緑地	2,000㎡	500,000,000 円	1,680,000 円
宅地	農業用施設用地	200㎡	50,000,000 円	50,000,000 円
	小規模宅地等の減額	200㎡	―	―
	自宅	400㎡	100,000,000 円	100,000,000 円
	小規模宅地等の減額	330㎡	△ 66,000,000 円	△ 66,000,000 円
	計		84,000,000 円	84,000,000 円
雑種地	駐車場	1,800㎡	360,000,000 円	360,000,000 円
	合計		944,000,000 円	445,680,000 円

【単位：円】

区分			総額	A	B
課税財産	土地	通常評価	944,000,000	944,000,000	
		農地評価	445,680,000	445,680,000	
	家屋		6,500,000	6,500,000	
	構築物		700,000	700,000	
	農業用器具		2,800,000	2,800,000	
	預貯金		65,000,000	65,000,000	
	有価証券		1,000,000	1,000,000	
	その他資産		11,000,000	11,000,000	
	代償金		0	−250,000,000	250,000,000
課税価格			1,031,000,000	781,000,000	250,000,000
算出税額	通常評価		410,500,000	332,213,787	78,286,213
	農地評価		166,806,000	88,519,787	78,286,213
納税猶予税額	農地等		243,694,000	243,694,000	
	事業用資産		12,839,300	12,839,300	
納付税額			153,966,600	75,680,400	78,286,200

第7章

農地の相続手続の注意点

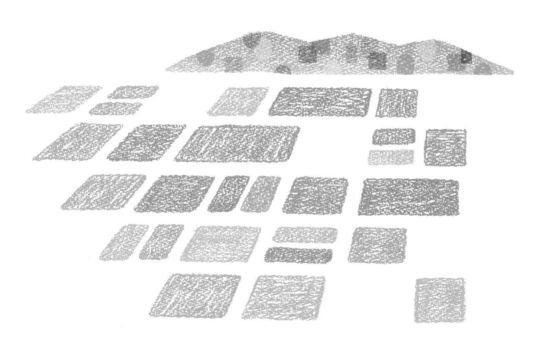

亡くなられた方から農地などの財産を取得する場合、亡くなられた方の相続人であれば、相続人全員による遺産分割協議又は遺言により取得者を決定して、名義変更の手続をします。

　一方、相続人以外の方が取得する場合は、原則として遺言により、名義変更の手続をすることになります。

　ここでは、農地の相続手続をする際の注意点をまとめていきます。

7.1 農地法の許可・届出制度の概要

農地の所有権を移転する場合、原則として農業委員会の許可が必要ですが、相続人が相続で取得する場合は、相続開始後10か月以内に届出書を提出します。

⑴ 農地を相続人が相続した場合

相続人が相続により農地を取得した場合（相続人への特定遺贈も同様です）、又は相続人以外の方が包括遺贈により農地を取得した場合は、相続開始日から10か月以内に農業委員会に届出が必要です。

この届出のないなどの場合は、10万円以下の過料に課せられることがあります。

農業委員会への届出には、下記の書類が必要となります。

---

①相続登記が完了している場合
　・相続登記後の登記事項証明書
②相続登記が未了の場合
　・被相続人の生まれてから亡くなるまでの戸籍、相続人の戸籍
　・遺言書、遺産分割協議書など

⑵ 農地を相続人以外の方が特定遺贈で取得した場合

相続人以外の方が特定遺贈により農地を取得した場合、農業委員会の許可が必要です。

この「許可」の基本要件は、下記のとおりとなります。

【農地法第3条の許可基準】

・農地の全部を使って効率よく耕作すること

・法人の場合は「農地所有適格法人」であること

・農作業に常時（原則年150日以上）従事すること

・農地面積が5,000㎡以上（世帯で）であること

・地域の農業への取組みに協力的なこと

このため、特定遺贈で農地を取得する方は、農業従事者に限定されるなどの制約がありますので、手続の方法を含めて、事前に農業委員会に相談しておくほうがよいと思います。

農地法第３条の３第１項の規定による届出書

農業委員会会長　殿　　　　　　　　　　　　令和　　　年　　月　　日

　　　　　　　　　　　　　　　　　　　　　　住所
　　　　　　　　　　　　　　　　　　　　　　氏名　　　　　　　　　　印

　下記農地（採草放牧地）について、○○により○○を取得したので、農地法第３条の３第１項の規定により届け出ます。

記

１　権利を取得した者の氏名等

氏　名	住　所

２　届出に係る土地の所在等

所在・地番	地　目		面積（㎡）	備　考
	登記簿	現況		

３　権利を取得した日
　　令和　　　年　　月　　日

４　権利を取得した事由

５　取得した権利の種類及び内容

６　農業委員会によるあっせん等の希望の有無

（記載要領）
　１　本文には権利を取得した事由及び権利の種類を記載してください。
　２　届出者の氏名（法人にあってはその代表者の氏名）の記載を自署する場合においては、押印を省略することができます。
　３　法人である場合は、住所は主たる事務所の所在地を、氏名は法人の名称及び代表者の氏名をそれぞれ記載してください。
　４　記の２の「届出に係る土地の所在等」の備考欄には、登記簿上の所有名義人と現在の所有者が異なるときには登記簿上の所有者を記載してください。
　５　記の４の「権利を取得した事由」には、相続（遺産分割、包括遺贈及び相続人に対する特定遺贈を含む）、法人の合併・分割、時効等の権利を取得した事由の別を記載してください。
　６　記の５の「取得した権利の種類及び内容」には、取得した権利が所有権の場合は、現在の耕作の状況、使用収益権の設定（見込み）の有無等を記載し、取得した権利が所有権以外の場合は、現在の耕作の状況、賃借料、契約期間等を記載してください。
　７　記の６の「農業委員会によるあっせん等の希望の有無」には、権利を取得した農地又は採草放牧地について、第三者への所有権の移転又は賃借権の設定等の農業委員会によるあっせん等を希望するかどうかを記載してください。

7.2 包括遺贈と特定遺贈の違い

　遺贈とは、遺言により、自身の財産を他人に無償で譲ることをいい、遺言者の死亡によって効力が発生します。

　遺贈により財産を取得する人を「受遺者」といい、相続人、相続人以外の個人、法人も対象になります。

　相続人以外の個人及び法人に対して財産を譲りたいときは、原則として遺贈以外の方法はありません。

　この遺贈には、大きく分類すると、特定遺贈と包括遺贈の2種類があります。

⑴　特定遺贈

　特定遺贈とは、財産を具体的に特定して遺贈する方法をいいます。

　受遺者は、遺言者の死亡後、いつでもその遺贈を放棄することができます。

【特定遺贈の文例】

> 第1条　遺言者は、下記記載の不動産を、妻〇〇〇〇（昭和〇年〇月〇日生）
> に相続させる。
> 　所在　〇〇市〇〇町〇丁目
> 　地番　〇番〇
> 　地目　宅地
> 　地積　〇〇〇. 〇〇㎡

⑵　包括遺贈

　包括遺贈とは、財産の全部又は一部を割合で遺贈する方法をいいます。

　包括遺贈により財産を取得する者を「包括受遺者」といい、相続人と同一の権利・義務を有します。

　このため、包括受遺者が遺贈の放棄をする場合は、相続の開始があったことを知った日から3か月以内に家庭裁判所に相続放棄の申述をする必要があります。

【包括遺贈の文例】

第1条　遺言者は、遺言者の所有する一切の財産を、次の者に包括して遺贈する。

　　本　籍　〇〇市〇〇町〇丁目〇番〇

　　住　所　〇〇市〇〇町〇丁目〇番〇

　　受遺者　〇〇　〇〇（昭和〇年〇月〇日生）

第1条　遺言者は、遺言者の所有する一切の財産を、次の者に２分の１の割合
　　で包括して遺贈する。

　　本　籍　〇〇市〇〇町〇丁目〇番〇

　　住　所　〇〇市〇〇町〇丁目〇番〇

　　受遺者　〇〇　〇〇（昭和〇年〇月〇日生）

　　本　籍　××市××町×丁目×番×

　　住　所　××市××町×丁目×番×

　　受遺者　××　××（昭和×年×月×日生）

7.3 農地と民事信託の関係

　信託とは、ご自身の財産を信頼できる方に、管理・運用・処分を依頼することをいいます。

　民事信託では、財産を所有しているご本人（委託者といいます）、その財産（信託財産といいます）の管理・運用・処分を任された方（受託者といいます）、その財産の運用益や処分代金を受け取る方（受益者といいます）の3名の当事者が必要です。

　通常は、委託者と受益者を同じ人にします。委託者と受益者を別の人にした場合、委託者から受益者へ有償又は無償かによって、売買又は贈与の課税関係が発生します。

　ご本人が認知症などにより意思能力がなくなり、契約の締結や預金口座からの引き出しなどの法律行為ができなくなってしまっても、この民事信託を活用していると、ご本人の財産を預かった受託者がご本人の代わりに法律行為ができるようになります。

　委託者であるご本人が受託者と信託契約を締結し効力が発生しますと、信託財産は受託者の名義に変更されます。

　一方で、農地法では、農地の権利移動や転用について制限を設けられており、信託にあたっての受託者への名義変更には、農業委員会などの許可が必要です。

　農地法の許可制度には、農地法第3条（農地を農地として使用する目的での権利移動）、第4条（農地の転用）、第5条（農地の転用のための権利移動）の3種類が

あります。

　農地法第3条は、農地を農地として使用する目的で、名義変更や権利を設定する場合は、農業委員会の許可が必要となります。

　農地を農地として使用する目的での信託による名義変更は、受託者が農業協同組合などに限定されます。

　このため、農地を信託する場合は、第4条の農地の転用許可を受けてから信託をするか、第5条の農地の転用目的で信託をするか、のいずれかになります。

農地法	取引内容	許可権者
第3条	甲　→　乙 （権利移転） 農　地　→　農　地	農業委員会
第4条	農　地　→　宅　地 （転用）	都道府県知事
第5条	甲　→　乙 （権利移転） 農　地　→　宅　地	都道府県知事

　なお、市街化区域内の農地の場合は、農業委員会への届出となります。

区域	契約効力発生時期
市街化区域内	農業委員会への届出
市街化調整区域	農業委員会の許可

　農地を信託する場合は転用目的とするか、農地を農地として相続人である後継者へ承継する場合は、遺言の検討が必要かと思います。

　たとえば、農地の所有者が高齢で将来的に認知症のリスクがある場合、その農地に収益物件を建築したり、売却する予定があるときは、転用を条件として停止条件付の民事信託を検討することが必要かと思います。

ケース	承継者	対応策
農地を農地として承継	相続人	遺言
	相続人以外	遺言（農地法の許可を得られるか要確認）
農地を宅地に転用して承継	—	遺言、民事信託

　また、念のため生産緑地の解除や農地転用などの財産管理について、任意後見制度を活用するとよいと思います。

生産緑地の2022年問題とスケジュール
（主な市・区の例示）

―都市計画決定の日と特定生産緑地の指定の期限及び受付期間等

＊令和3年（2021年)4月1日現在の各自治体のホームページを基に作成しました。

　なお、申請期限が過ぎている場合でも、自治体によっては相談に応じてもらえるケースもありますので、都市計画課など担当部署に確認してみてください。

東京都世田谷区

都市計画決定の日（告示日）	指定の期限（申出基準日）	指定の受付期間
平成4年度 1992年10月30日	令和4年（2022年） 10月30日	令和元年（2019年）5月から 令和3年（2021年）12月末まで
平成5年度 1993年10月25日	令和5年（2023年） 10月25日	令和4年（2022年）4月から 令和4年（2022年）12月末まで
平成7年度 1995年11月13日	令和7年（2025年） 11月13日	令和6年（2024年）4月から 令和6年（2024年）12月末まで
平成8年度 1996年9月20日	令和8年（2026年） 9月20日	令和7年（2025年）4月から 令和7年（2025年）12月末まで
以降同様		

※申出基準日＝生産緑地の指定告示から30年経過する日

東京都杉並区

都市計画決定の日	指定の申請期限
平成4年度 （1992年度）	令和3年（2021年）12月28日で終了

東京都練馬区

都市計画決定の日	指定の申請期限
平成4年度 （1992年度）	令和3年（2021年）10月29日まで
平成5年度 （1992年度）	

東京都江戸川区

都市計画決定の日	指定の申請期限
平成4年度 （1992年度）	令和4年（2022年）6月末まで

東京都府中市

都市計画決定の日	指定の期限（申出基準日）
平成4年度 （1992年度）	令和4年（2022年）10月28日

東京都調布市

都市計画決定の日	指定の申請期限
平成4年度 （1992年度）	令和3年（2021年）4月1日から 令和3年（2021年）5月31日まで

東京都稲城市

年度	申請書類等受付	指定の公示
平成31年度 （2019年度）	5月7日〜7月31日	
令和2年度 （2020年度）	5月〜7月	（申請が令和3年になる場合は 都市計画課に相談）
令和3年度 （2021年度）	5月〜7月	（3年分まとめて公示） 令和4年1月以降

東京都八王子市

生産緑地地区指定年度	申出基準日（生産緑地地区指定から30年度を迎える日）						
	令和元年度 （2019年度）	令和2年度 （2020年度）	令和3年度 （2021年度）	令和4年度 （2022年度）	令和5年度 （2023年度）	令和6年度 （2024年度）	令和7年度 （2025年度）
平成4年度 （1992年度）	● （第1回）	● （第2回）	△	☆ （11月2日）			
平成5年度 （1993年度）		● （第1回）	● （第2回）	△	☆ （10月15日）		
平成6年度 （1994年度）			●	●	△	☆ （9月30日）	
平成7年度 （1995年度）				●	●	△	☆ （11月17日）

●……特定生産緑地受付期間　　△……特定生産緑地受付予備期間　　☆……申出基準日

東京都町田市

都市計画決定の日	指定の受付開始	指定の公示
平成 4 年度 （1992 年度）	令和 2 年（2020 年）4 月〜 令和 3 年（2021 年）3 月	令和 3 年（2021 年）1 月

東京都東久留米市

生産緑地地区告示年月日	指定の期限（申出基準日）	受付期間
平成 4 年 10 月 27 日 （1992 年）	令和 4 年 10 月 27 日 （2022 年）	令和元年 12 月〜令和 4 年 2 月末 （2019 年）　　（2022 年）
平成 5 年 10 月 19 日 （1993 年）	令和 5 年 10 月 19 日 （2023 年）	令和元年 12 月〜令和 5 年 2 月末 （2019 年）　　（2023 年）

東京都西東京市

生産緑地の告示年	受付期間
平成 4 年 （1992 年）	令和元年 11 月〜令和 4 年 2 月末 （2019 年）　　（2022 年）
平成 5 年 （1993 年）	令和元年 11 月〜令和 5 年 2 月末 （2019 年）　　（2023 年）

東京都日野市

生産緑地の告示年	受付期間
平成 4 年 （1992 年）	令和 3 年（2021 年） 2 月 1 日〜3 月 19 日
平成 5 年 （1993 年）	令和 3 年（2021 年）2 月 1 日〜

東京都多摩市

生産緑地の告示年	受付期間
平成 4 年（1992 年）	令和 3 年（2021 年）4 月上旬まで

東京都小金井市

生産緑地の告示年	受付期間
平成 4 年（1992 年）	平成 31 年（2019 年）1 月 7 日〜 令和 3 年（2021 年）9 月 30 日

東京都小平市

生産緑地の告示年	受付期間
平成 4 年 （1992 年）	令和 4 年（2022 年）3 月末

東京都狛江市

生産緑地の告示年	受付期間
平成 4 年 （1992 年）	1 回目：令和元年（2019 年）8 月まで 2 回目：令和 2 年（2020 年）8 月まで

神奈川県横浜市

生産緑地の告示年	受付期間
平成 4 年 （1992 年）	令和元年度：（終了） 令和 2 年度：令和 2 年（2020 年）12 月 7 日～令和 3 年（2021 年） 　　　　　　1 月 31 日 令和 3 年度：未定

神奈川県川崎市

生産緑地の告示年	申出基準日	受付期間
平成 4 年 （1992 年）	令和 4 年（2022 年） 11 月 13 日	令和 2 年度：令和 2 年（2020 年）12 月 1 日～ 　　　　　　令和 3 年（2021 年）1 月 29 日 令和 3 年度：未定

神奈川県鎌倉市

生産緑地の告示年	申出基準日	受付期間
平成 4 年 （1992 年）	令和 4 年（2022 年） 11 月 13 日	令和 2 年（2020 年）4 月 1 日～令和 4 年（2022年）3 月 31 日まで

神奈川県大和市

生産緑地の告示年	受付期間
平成 4 年（1992 年）	令和 2 年度：令和 2 年（2020 年）11 月 24 日まで

神奈川県厚木市

生産緑地の告示年	受付期間
平成 4 年 （1992 年）	1 回目：令和 2 年（2020 年）9 月 9 日～ 10 月 15 日 2 回目：令和 3 年（2021 年）1 月 4 日～ 2 月 15 日

千葉県千葉市

生産緑地の告示年	申出基準日	受付期間
平成 4 年 （1992 年）	令和 4 年（2022 年） 11 月 24 日	令和 2 年（2020 年） 12 月 28 日まで

千葉県松戸市

生産緑地の告示年	受付期間
平成 4 年 （1992 年）	令和 3 年（2021 年）2 月末で終了

千葉県市川市

生産緑地の告示年	受付期間
平成 4 年 （1992 年）	令和 3 年（2021 年）5 月頃最終締切予定

埼玉県さいたま市

生産緑地の告示年	受付期間
平成 4 年 （1992 年）	1 回目：令和 2 年（2020 年）8 月 1 日～ 10 月 31 日 2 回目：令和 3 年（2021 年）8 月 1 日～ 10 月 31 日

埼玉県所沢市

生産緑地の告示年	受付期間
平成 4 年（1992 年）	1 回目：令和 2 年（2020 年）5 月 25 日～ 6 月 30 日 2 回目：令和 3 年（2021 年）2 月 12 日～ 3 月 19 日 3 回目：令和 4 年（2022 年）1 月頃～ 4 月頃

愛知県名古屋市

生産緑地の告示年	受付期間
平成 4 年 （1992 年）	1 回目：受付終了 2 回目：令和 3 年（2021 年）1 月 25 日～ 4 月 9 日 3 回目：令和 4 年（2022 年）1 月下旬～ 4 月上旬（予定）
平成 5 年 （1993 年）	1 回目：令和 3 年（2021 年）1 月 25 日～ 4 月 9 日 2 回目：令和 4 年（2022 年）1 月下旬～ 4 月上旬（予定） 3 回目：令和 5 年（2023 年）3 月上旬頃～ 4 月上旬頃（予定）

大阪府東大阪市

生産緑地の告示年	受付期間
平成 4 年 （1992 年）	令和 2 年（2020 年）3 月 2 日～令和 3 年（2021 年）12 月 21 日
平成 5 年 （1993 年）	令和 2 年（2020 年）4 月 1 日～令和 5 年（2023 年）3 月 31 日
平成 6 年 （1994 年）	令和 3 年（2021 年）4 月 1 日～令和 6 年（2024 年）3 月 29 日
平成 7 年 （1995 年）以降	令和 4 年（2022 年）4 月 1 日以降

【著者紹介】
奥田 周年（おくだ・ちかとし）
1965年生まれ。茨城県出身
1988年、東京都立大学経済学部卒業
1994年、OAG税理士法人（旧・太田細川会計事務所）入所
1996年、税理士登録
2018年、行政書士登録
現在、OAG税理士法人 チーム相続のリーダーとして、相続を中心とした税務アドバイスを行うとともに、相続・贈与等の無料情報配信サイト「アセットキャンパスOAG」を運営。また、同グループの株式会社OAGコンサルティングにて事業承継のサポートを行う。
〈主な著書〉
『身近な人の遺産相続と手続き・届け出がきちんとわかる本』（監修）、『身近な人が亡くなった時の手続きハンドブック』（監修）、『葬儀・相続 手続き事典』（以上、日本文芸社）
『Q&A相続実務全書』『Q&A株式評価の実務全書』（以上、ぎょうせい）
『暮らしとおかねVol.4 資産5000万円以下の相続相談Q&A』（監修）、『暮らしとおかねVol.7 親が認知症と思ったら できる できない 相続』（監修）（以上、ビジネス教育出版社）

〈イラスト（P.19、82）〉
華沢 寛治（はなざわ・かんじ）

【コラム執筆者紹介】
吉原 毅（よしわら・つよし）
1977年、慶応義塾大学経済学部卒業、城南信用金庫入庫
2010年〜2015年、城南信用金庫理事長
現在、城南信用金庫 名誉顧問、城南総合研究所名誉顧問
〈主な著書〉
『信用金庫の力－人をつなぐ、地域を守る』（岩波書店）、『世界の常識は日本の非常識 自然エネは儲かる！』（講談社）、『「過干渉」をやめたら子どもは伸びる』（共著、小学館）他

【執筆協力者紹介】
皿海 信之（さらがい・のぶゆき）
OAG税理士法人 資産承継部 エグゼクティブマネジャー／1級ファイナンシャル・プランニング技能士・宅地建物取引士・日本証券アナリスト協会認定アナリスト
1989年、安田信託銀行（現みずほ信託銀行）入社
2020年6月、OAG税理士法人入社
相続対策・事業承継・不動産活用の実務に数多く従事。

鈴木 昌江（すずき・まさえ）
OAG税理士法人 資産承継部 マネジャー／1級ファイナンシャル・プランニング技能士・宅地建物取引士
1981年、安田信託銀行（現みずほ信託銀行）入社
2016年5月、OAG税理士法人入社
相続手続に重きをおき、相続税申告等サポート業務に従事。

図解と事例でよくわかる 都市型農家の生産緑地対応と相続対策

2021年5月20日 初版第1刷発行

著 者 奥田 周年（税理士・行政書士、OAG税理士法人）
発行者 中野 進介
発行所 株式会社 ビジネス教育出版社
〒102-0074 東京都千代田区九段南4-7-13
TEL 03（3221）5361（代表）／FAX 03（3222）7878
E-mail ▶ info@bks.co.jp URL ▶ https://www.bks.co.jp

印刷・製本／シナノ印刷（株）
ブックカバーデザイン／㈱クリエイティブ・コンセプト 本文デザイン・DTP ／坪内友季
落丁・乱丁はお取替えします。

ISBN978-4-8283-0895-1